LOCUS

LOCUS

LOCUS

LOCUS

① 2021 年於創始之地——丹麥比倫落成的樂高集團新總部。占地 5,4000 m^2的園區中建有福利設施，約 2,000 名員工在此工作。如樂高積木般獨特的建築外觀，十分引人注目。

②樂高總部的辦公室一隅。四處都裝飾著樂高作品，透過如此的設計巧思激發員工的工作動力和玩心。

③新總部的辦公室原則上沒有固定的座位。員工可自行決定要在哪裡辦公，促使工作方式更具自發性。

④爲確保員工的身心健康(well-being)，公司會舉辦各式各樣的福利活動。

⑤從建築的外牆也可以發現明顯的樂高元素，一看就知道是樂高的辦公室。

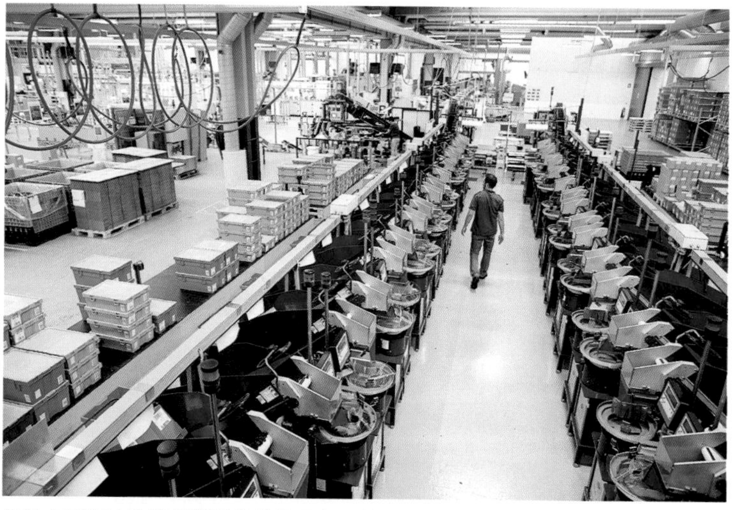

⑥位在丹麥比倫總部附近的科恩馬肯工廠。除了聖誕節之外，工廠全年 364 天、24 小時維持運作。樂高在匈牙利、墨西哥、捷克和中國也有生產據點。

⑦樂高工廠的產線幾乎全自動化。成型機製造出積木後，會由照片中央的機器人負責運送到倉庫。

⑧為確保各一塊積木都能緊密咬合，積木的精度要求達到 0.005mm。照片中的是品管測量使用的儀器。

⑨負責儲藏積木成品的倉庫。垂直高度達 20m。

⑩於 2017 年開幕的「樂高之家」。基於「積木的故鄉(Home of Bricks)」的理念，提供各式各樣的空間讓人們體驗樂高長年推行的遊戲哲學。

⑪矗立於樂高之家中央的「創意之樹(Tree of Creativity)」。高度超過 15m，由 631 萬 6611 個積木磚打造。象徵了樂高玩家創意的無限可能。

⑫用樂高積木拼砌而成的 3 隻巨大恐龍。是樂高之家代表性的展示作品。

⑬從不斷嘗試組合積木的過程中學習。樂高同時作爲培育創意思考的工具廣爲人知。

⑭在推動玩法數位化的同時，樂高的店面也相當重視提供大眾「體驗」的空間。截至 2020 年，樂高在全球共有 678 間直營店。

⑮即便透過線上購物，實際用動手接觸樂高的體驗仍是重要關鍵。因此在品牌認知度不足的中國、中東市場，樂高特別重視實體店面的經營。

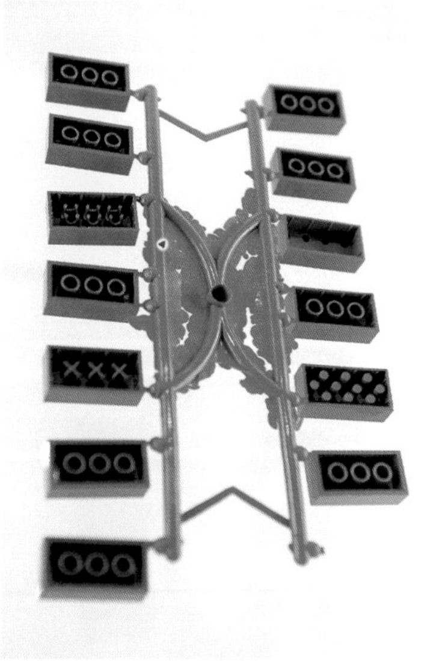

⑰在積木開發初期，為了研發讓積木相互咬合的結構，試了非常多種方法。

⑯在積木誕生以前，木製玩具中最有人氣的代表性產品就是這個可以拉著走的鴨子玩具。

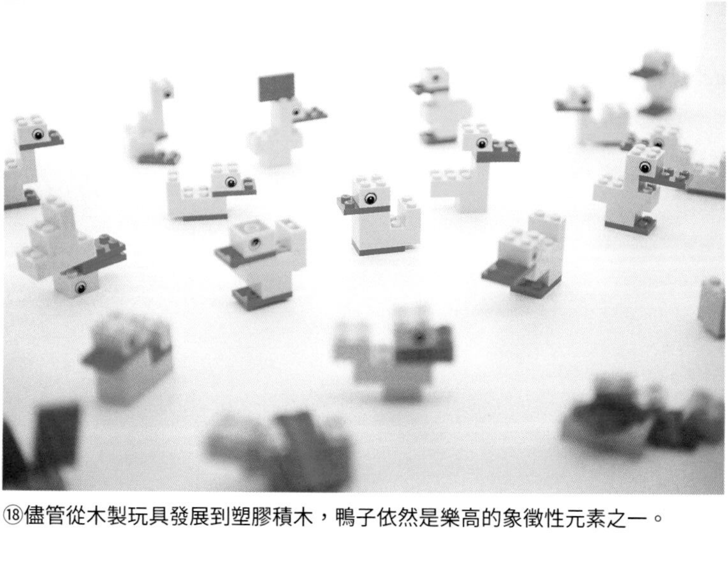

⑱儘管從木製玩具發展到塑膠積木，鴨子依然是樂高的象徵性元素之一。

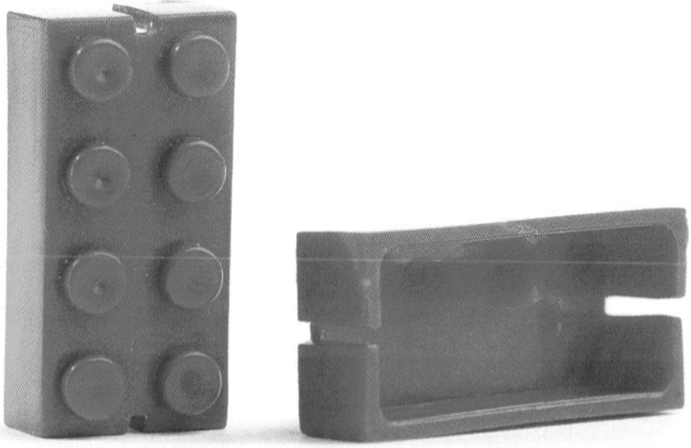

⑲ 1949 年製造出來的第一代積木，名爲「自動組裝積木」。積木側面有凹槽，內部是空心的，沒有凸起管結構。於 1953 年改名爲「樂高積木」。

⑳ 1978 年問世的「遊戲主題」，是讓樂高世界更廣闊的開端。城堡、太空、城鎮系列大熱賣，令孩子們深深著迷於自己打造的世界中。

㉑太空系列和城堡系列一樣是早期的人氣遊戲主題。太空人造形的樂高人偶在 2014 年上映的《樂高玩電影》中也是主角之一。

㉒ 2008 年問世的「樂高建築」系列，是基於樂高迷獨特創意而起的產品。

㉓ 2017 年問世的「樂高 BOOST」可透過平板的應用程式，使用程式語言操縱積木。

㉔ 1998 年與美國麻省理工學院（MIT）媒體實驗室共同研究，開發出來的「樂高 Mindstorms」系列。這項能透過程式語言操縱樂高的產品，如今依然擁有高人氣，也是活用於教育現場的教材。

㉕樂高在 2015 年 6 月宣布，他們計劃以可再生材料取代樂高積木所使用的塑膠材料。這個投入了 10 億丹麥克朗(約 50 億 3000 萬元)的專案，目前仍持續進行新材料的研究開發。

㉖ 2018 年發表的初步研究成果，是以植物提煉出的聚乙烯爲原料製作出的植物零件。

㉗樂高的創辦人——奧爾·科克·克里斯蒂安森。原本在丹麥比倫經營一間小小的家具工坊，受 1929 年的經濟大蕭條影響，開始製造兒童玩具。

㉘第二代接班人——戈弗烈·科克·克里斯蒂安森。從樂高積木什麼都能組合的特性中，發展出一套「遊戲系統」的概念。

㉙第三代接班人——克伊爾德·科克·克里斯蒂安森。作爲樂高復興的掌門人，將樂高的魅力推向世界。

㉚第四代接班人——湯瑪斯·科克·克里斯蒂安森。從第三代手中接棒，漸漸開始作爲樂高的門面活躍。

㉛ 2004 年就任樂高執行長（CEO）一職的尤根·維格·納斯托普。是將樂高從經營危機中解救出來的救世主。

㉜ 2017 年就任樂高集團執行長的尼爾斯· 克里斯蒂安森。以「啟發並培養未來的創造者」爲使命，帶領樂高走向存在意義導向的公司。

touch

對於變化，我們需要的不是觀察。而是接觸。

樂高

小積木立大功，用玩具堆出財富帝國的祕訣

LEGO

蛯谷敏
連雪雅、陳幼雯、蘇文淑——譯

レゴ 競爭にも模倣にも負けない
世界一ブランドの育て方

CONTENTS

第2章 沒有人要玩樂高——陷入創新的兩難 61

第3章 「樂高星際大戰」的功過——脫離積木而失去競爭力 79

第5章 暢銷題材粉絲最知道

——與日本創業家聯手創造的「樂高 Ideas」

第6章 培養AI時代的技能 201

——透過遊戲學習創意思考

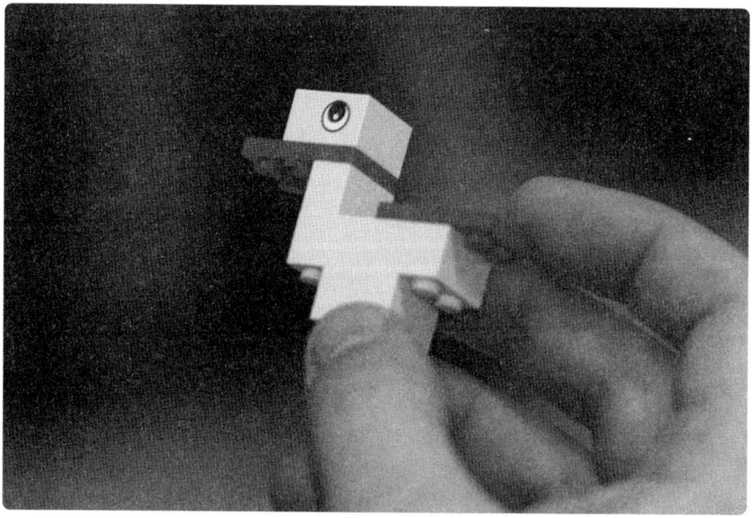

序章

樂高積木
不為人知的影響力

照片：由 6 塊積木組成的鴨子，象徵了樂高的各種魅力。

本書是一本仍是現在進行式的實際案例分析，清楚剖析全球知名品牌「樂高（LEGO）」的強大之祕。筆者將會循著樂高公司充滿了高低起伏的經營史，全力為讀者具體勾勒樂高這個巨人尋得其普世價值的過程，而這也是其競爭力的原點。

整段過程充滿了戲劇性又忠於本質，相信能為每天在競爭的浪潮中試圖找出自身強項的企業經營者與商務人士，帶來相當的啟發。

既然您已經把這本書捧在手上，我想對於樂高這個品牌，應該不用我再多做什麼介紹。

事實上，這個如今依然廣受各世代歡迎的彩色塑膠積木，不只小朋友喜歡，同時也對全球各知名企業以及任職其中的成年人，帶來各方面的影響。

樂高也影響了 Google 與豐田汽車

比方說，聞名全球、首屈一指的創新企業 Google。

很少人知道 Google 商標上所使用的四種顏色中，紅、藍、黃這三原色的靈感正是取自樂高的基本磚。

「樂高是一種很棒的工具，幫助我們解放自我的創造力。」

Google創辦人謝爾蓋．布林（Sergey Mikhaylovich Brin）與賴利．佩吉（Lawrence Edward Larry Page）是公認的死忠樂高迷，他倆從還在史丹佛大學就學的Google創辦初期，就是一邊玩著樂高，一邊揣思著新型態的服務與事業。

Google一路推陳出新，推出了各種劃時代的創新服務，從一家位於矽谷的小小新創公司，發展為具有全球規模的巨型企業。二〇一五年，Google更將經營體制整頓為以字母控股公司（Alphabet）為母公司的集團經營。儘管Google已經發展成跨足自動駕駛與生命科學的巨型綜合企業，時至今日在全球各地的Google辦公室裡依然擺著樂高，更時常為員工舉辦各種樂高相關的工作坊，以勉勵員工不要忘懷集團的創新精神。

「沒有樂高，就沒有Google」——這麼講可能稍嫌誇大，但如果沒有樂高，或許Google也不會有那些卓越的服務。二〇一四年，Google終於達成了多年心願，與樂高攜手合作。

二〇二〇年，睽違五年，豐田汽車終於又再度奪下了全球汽車銷量第一的寶座。這次榮耀回歸的推動力，就在於豐田汽車效法了樂高以零件拼組模型的方法，導入了所謂的模組化平台。

如今將產製好的底盤、引擎與變速器等共通零件，以像拼積木一樣組裝成不同車款的作業模式，能夠有效快速生產，已是汽車業界的標準做法。

這種生產方式被稱為是「樂高模式」，與日本製造業向來擅長的、由師傅按照各種零件狀況磨合的「合模」技術可說完全相反。二〇一〇年代初期，由豐田汽車的死對頭——德國福斯汽車集團最先採用。

福斯汽車靠著樂高模式這項法寶，朝著豐田汽車勇起直追，一時之間甚至站上了全球銷售量的冠軍寶座。不過豐田汽車也在二〇一五年正式採用模組化生產方式後，再次奪回了王位。

如今汽車業界的競爭舞台已經從燃油車逐漸移轉到了電動車市場，而在電動車市場中，將電瓶、馬達等零件像組裝積木一樣組合的生產方式也逐漸蔚為主流。

現在，程式設計課在日本已經成為小學生的必修課程，而在這門課中，樂高也展現了絕對的存在感。針對兒童所設計的各種程式語言當中，「Scratch（貓爪）」獲得了壓倒性支持，而這套程式語言誕生的背後，同樣與樂高緊密相關。

「『Scratch』的基本概念，是像組合積木一樣地去寫程式，我從樂高得到了很大啟發。」

將「Scratch」免費公開的美國麻省理工學院媒體實驗室教授，也就是知名的「Scratch」之父——米契爾．瑞斯尼克（Mitchel Resnick）是這麼說的。他現在也與樂高一起為了下一代的教育，不斷地進行各種研究。

進入二〇〇〇年以後，在社會人才開發領域上，樂高也是一種備受矚目的創造力解放工具。

即使不談網路或ＡＩ（人工智慧），在現今這種令人眼花撩亂、各種技術不斷推陳出新的時代裡，我們所學會的技巧很快就會過時。因此為了因應不可預測的未來變化，我們所需要的並不是把過去積累的知識快速有效地塞進腦袋，而是要能自主判斷出我們所需要的到底是什麼，進而學習的這種思想轉換。現在愈來愈需要的是，在面對各種出乎意料的困難時，能夠自主找出解決方式的創意思考能力。

樂高就有許多能夠培養我們這種創思力的應用。

有透過樂高表達自身經驗的教材；也有運用樂高展現個人想法，進而讓團隊的溝通更為順暢的工作坊；或是用樂高來擬定企業經營戰略的方案等等，這些不同的活用方式正在全球各地遍地開花。

除了被最頂尖的網路企業用作激發創造力的工具，樂高也活躍於最新產品的製造現場、程式設計教育，甚至是被當成活化組織的教材等。

在各種場景中，樂高早已成為一種激發創意思考的輔助工具。

將想法視覺化，以及更深層的價值

為什麼像積木這麼簡單的玩具，能夠對我們的社會造成各種面向的影響呢？

其中一個理由，就在於「組合積木」這項玩樂高的本質，正是讓我們將腦袋中發散的想法變得具體可見的最佳手段。

由 6 塊積木組成的這些鴨子，正象徵了樂高的各種魅力。

於二〇〇四年至二〇一六年底期間擔任樂高集團執行長（CEO），現任樂高品牌集團執行董事長的尤根・維格・納斯托普（Jørgen Vig Knudstor），他有一項招牌的簡報絕招可以讓人親身感受到蘊藏在樂高積木之中的無限可能。

他會準備四種黃色、兩種紅色的樂高積木，就只有這樣。

接著在簡報一開始發給每位聽眾各一包裝了這些積木的袋子，接著說：

「這個袋子裡有六塊形狀不一樣的積木，請你們用這些積木組合成一隻鴨子。聽好了嗎？這將是一隻由你創造的、獨一無二的鴨子。時間限制是六十秒，好——開始！」

在沒有任何的組合限制下，現場的聽眾突然被要求組出一隻鴨子，全都愣住了。納斯托普的指示，引起全場一陣騷動。

但是隨著「開始！」的指令一下，大家又安靜了下來，開始埋頭玩起手上的六塊積木。

那幅景象實在很有趣。

有些人眼睛裡頭閃耀著光芒，三兩下就組好了鴨子；有的人歪頭組了又拆、拆了又組；也有的人只是一直盯著眼前的積木，陷入了沉思……。

參加者在那短暫的片刻中，全都忘了時間的流逝，像個孩子般埋頭玩著積木。

六十秒很快就過去了。

「好了，時間到！」

隨著這一聲令下，全場又嘰嘰喳喳了起來。隨處可見有人互相觀摩組好的積木，很自然地就交談了起來，現場突然變成了一場小型的鴨子品評會，氣氛熱絡了起來。

納斯托普臉上揚起滿足的笑容，環視全場，在適當的時機開口說道：

「大家做的鴨子應該每一隻都長得都不太一樣吧？搞不好別人做的鴨子看在你眼裡，根本就不像鴨子。可是每個人的鴨子都很棒！我們就像這樣，擁有著多元豐富的創意呢！」

正確答案不只一個

學校、企業、社會、人生……。

我們所生存的這個世界，常常要求我們去尋找那「唯一正確的答案」。

我們在學校受到的教育，總是以「問題絕對有正解」為前提，而能夠第一個正確回答的人，就得獲得獎勵。

可是在現實社會裡，橫在眼前的問題往往不是只有一種正解，甚至很多時候，我們根本連問題是什麼都搞不清楚。

發現有問題時提出質疑，在不斷嘗試與失敗之中逐步在自己腦中釐清答案。這樣的行為本身，就存在著人類生存的價值。

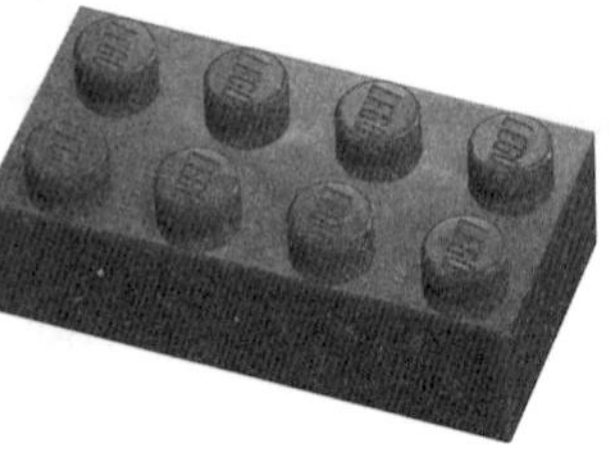

樂高的 2×4 積木磚。6 塊積木可以組合出約 9 億種造型。

就像拼砌鴨子的例子中所彰顯出來的，無論是問題或答案，一樣米養百樣人，有多少人就存在著多少種可能。而這些差異即是多元性，新奇發想的種子正埋藏於其中。

「樂高不但是很棒的玩具，更是一種導引工具，幫助我們探索與發掘彼此豐富的思想與創意。」納斯托普說完挺起了胸膛。

現在請讀者看一下上圖這塊有著 2×4 個突起顆粒的樂高積木。

理論上，二塊這種積木可以組合出二四種變化、三個可以組出一〇六〇種變化、六個可以組合出九億個不同的造型。所以每個參加者所組出來的鴨子，絕不可能出現兩隻長得一模一樣的情況。

這種趨近於無限可能的樂高積木組合，可以拼砌出任何造型的高自由度，幫助許多人激盪出了五花八門的創意。

以近九十年歷史為傲的非上市公司

以上這些，都只不過是單純陳述了樂高積木的魅力而已。

所以，樂高所開發出來的積木到底為什麼能夠擄獲全球如此多消費者的歡迎？其中奧祕，就在於樂高這家公司源源不絕地推出暢銷款、不斷地自我革新。

樂高這家非上市公司，一九一六年誕生於北歐丹麥西部一個名為比倫（Billund）小鎮，創始人奧爾・科克・克里斯蒂安森（Ole Kirk Christiansen）原本是個木匠，在一九三二年開始了製造與銷售木製玩具的生意，這也是他正式投入玩具製造業的起點。至今克里斯蒂安森家族依然保有樂高集團七五％的股份。樂高集團將事業重心放在積木製造與開發上，一步一腳印，已經踏踏實實地走過了八十九個年頭。

如今，在樂高創始家族的資產管理公司柯克比（Kirkbi）旗下，總共擁有統合

了樂高玩具事業的樂高集團、投資的樂高創投（LEGO Ventures）、與大學等教育機構合作教育研究的樂高基金會（Lego Foundation），以及負責經營樂高樂園等主題樂園的英國默林娛樂集團（Marlin Entertainments）等事業群，光是樂高集團一個事業體的員工，就超過了兩萬人。

不過，樂高的基本專利其實早從一九八〇年代起就在世界各國過期了。所以今日任何人都可以製造、販售與樂高一模一樣的積木，而且實際上，從一九九〇年代起，樂高的競爭對手便不斷推出能夠與樂高積木互換，而且價格更低廉的積木。

一般來說，當市場上有更多競爭對手推出相同機能的產品時，這個產品就會大宗商品化（commoditization），售價逐漸下滑。尤其是當專利過期後，進入市場的門檻變低了，當人人都可以生產出與樂高一模一樣的積木，最後只能打價格戰，否則無法殺出一條血路。

這麼一來，通常在市場上就會陷入削價競爭的泥沼，最後不是慘遭淘汰就是步向衰退。無論是半導體、家電或者是智慧型手機……已經有過太多商品掉進這種模式中。

十年內營收擴增約三倍

可是樂高卻沒有走上這樣的窄路。

根據二〇二〇年度財務報告，樂高營收高達四三六億五六〇〇萬丹麥克朗（約一八六四億一一二萬元，以一丹麥克朗等於新台幣四．二七元換算。以下皆以當年度平均匯率換算），營業利益為一二九億一二〇〇萬丹麥克朗（約五五一億三四二四萬元）。營業規模在這十年內，勁增了約三倍，超越了以芭比娃娃聞名的美國美泰兒（Mattel）以及以大富翁遊戲為人熟知的美國孩之寶（Hasbro），營收表現在玩具製造業中稱王。

樂高將事業重心聚焦在積木開發與製造上，使其得以傑出的經營效率笑傲群雄，這點在製造業界也算是非常特殊的。

樂高於二〇二〇年度財報上，營益率表現達二九．六％，ROE（股東權益報酬率）維持四三．四％。這種水準大幅超越了其他玩具業界的競爭對手，尤其是在二〇二〇年後，受到新冠疫情影響，營收更是如同搭上了順風車一般水漲船高。

雖然業種不同，但是樂高的績效表現足以與被稱為GAFA（Google、Apple、

Facebook、Amazon）的網路巨擘匹敵。

隨著事業規模不斷成長，人們對於樂高品牌的信任度也不斷飆高。根據美國市調機構的品牌聲譽排行榜，樂高於二〇二〇年與二〇二一年連續兩年奪得了最佳品牌聲譽榜首。

樂高在日本以益智玩具的形象廣為人知，不過其實樂高的品牌經營方向在這二十年內已經有了極大轉變。

以「樂高星際大戰（LEGO Star Wars）」為首，樂高擁有許多人氣系列，包括「樂高好朋友（LEGO Friends）」、「樂高城市（LEGO City）」、「樂高旋風忍者（LEGO Ninjago）」等等，平均每年會推出超過三五〇款新產品。二〇二〇年更與任天堂合作，聯手推出了「樂高超級瑪利歐（LEGO Super Mario）」系列，創下了全球暢銷紀錄。

此外，樂高也非常積極地將傳統的實體積木與數位服務結合，藉以拓展新玩法，譬如結合樂高積木與程式設計的「樂高 Mindstorms」與「樂高 BOOST」系列、將積木組合起來並創作出音樂影片的「樂高 VIDIYO 舞台」等。

廣獲各年齡層喜愛的樂高，擁有許多成年玩家，而樂高也會針對不同的年齡層持續開發新商品，譬如用樂高積木堆砌知名建築物的「樂高建築（LEGO Architecture）」系列、能做出藝術家安迪．沃荷等人藝術作品的「樂高 Art」系列。

不僅如此，樂高還經營「樂高 Ideas」平台，向樂高迷廣徵新產品的點子，並且能透過投票表決方式成為實際販賣的商品，架構出一套能巧妙採納使用者創意的開發機制。

近年來，樂高也積極開拓網路社群，針對樂高兒童用戶所成立的樂高網路社群平台「LEGO Life」，截至二〇一七年服務上線以來，其手機應用程式下載數已多達五九〇萬次。二〇一九年，更收購了擁有全球一百萬名樂高成年粉絲的社群網站「BrickLink」。

挾其全球知名的品牌力，樂高不斷打造出新款熱銷產品，並且以獨樹一格的作風擴展其商業領域。樂高之強，究竟強大在哪裡？請讀者繼續閱讀下去。

現在我不提太多，請容我先介紹一下我對樂高這個企業產生興趣的原因吧。

你辭職了，公司會損失什麼？

你的價值（value）是什麼？

如果覺得這個問題問得不是很清楚，那麼或許可以換另一個問法——「要是你辭職了，你的公司會損失什麼？」

AI與機器人等科技在社會上的應用愈來愈普遍，逐漸取代了原本由人類負責的工作。有什麼工作，是即使進入AI時代也不會被取代的呢？不管願不願意，我們所有人都將面對這個問題。

對於已經從事二十幾年採訪編輯的我來說，這也絕對不是天高皇帝遠，與自身無關的議題。

歐美主流媒體早在很久以前就已經開始數位化了，也正式採用AI技術來輔助內容構成。而在編輯台上，AI技術也實際派上用場，以主流媒體為首，開始利用AI來輔助新聞撰寫工作。

以前記者要花好幾個小時才能寫好的一篇報導，現在只要善用AI，幾分鐘就能寫好了。這種進化速度之快，快得令人咋舌，恐怕再過不久我們就會漸漸分不出來哪些文章是AI寫的，哪些文章又是人類寫的吧。

如今我在網路媒體公司負責產出媒體內容，不過AI的存在感真的愈來愈強。如果一名編輯或記者在工作崗位上無法發揮任何價值，那麼遲早會被AI給取代，技術發展的速度已經快得超乎筆者想像。

當人類成為可互相取代的商品

英國牛津大學教授麥可．奧斯本（Michael A. Osborne）與研究員卡爾．佛瑞（Carl Benedikt Frey）於二〇一三年發表的論文〈就業的未來〉（The Future Of Employment），在日本掀起了很大的迴響。

「針對七〇二種美國職業所做的調查，有近半數職業可能會在未來被電腦自動化系統所取代。」由於這項預測具體提出了被自動化的「取代率」，給全世界拋出了一顆震撼彈。

其中名列前茅、最容易被取代的項目裡，可不只是貨車司機或工廠組裝作業員這類單純的勞動工作，就連金融顧問、專利律師與醫療人員等需要高度判斷力的工作也在名單上頭。

這篇論文雖然引發了各方反對意見，但無庸置疑的是，這篇論文引起全球開始關注今後人類的工作將會如何受ＡＩ改變的議題。

當然在現在這個時間點上，還沒有任何人能夠預測這篇論文所說的會不會一個個成真。

只是就如奧斯本和佛瑞所說──「今日人類已經面臨了一個必須重新審視自我工作價值的分水嶺」，我想這句話應該沒說錯吧？

ＡＩ讀新聞稿、ＡＩ撰寫時事分析的時代。

ＡＩ取代醫師診斷病情的時代。

機器人代替公司老闆做出經營決策的時代。

其實這樣的時代已經有一部分成真了，過往我們認為是人類獨具的價值，早已開始大宗商品化。

照著這個趨勢發展下去，未來我們究竟該怎麼做，才能發揮自身價值？

重新審視自我價值

事實上，在思考這個課題時，樂高會是非常有意思的材料。

因為樂高公司就是在經歷了積木這項核心產品被大宗商品化的浪潮吞噬之後，才重新審視自我的價值，進行一番經營改革才再度回血復活。

樂高最大且唯一的價值就是積木。

自創業以來，樂高就以生產耐用且不容易壞的積木為競爭優勢。

但問題是，一九八〇年代後期，樂高積木的專利過期了，任何人都可以生產和他們一樣的積木，於是市場上出現了一大堆廠商販售與樂高相同而且價格更低廉的積木，使得樂高捲入了價格競爭中。

同時在這時候，又剛好出現了電視遊樂器這項新敵手，小孩子的目光全部被吸了過去。

當時樂高無法適應這樣的環境劇變，陷入了經營危機，很多樂高的員工似乎也還難以忘懷往日榮景，端出來的對策總是慢了一拍，最後皆以失敗告終。

長年以來，一直在市場上打遍天下無敵手的公司，面臨新技術的出現卻反應過

慢而失去了市占率……。

這是原為美國哈佛大學商學院教授的克雷頓．克里斯汀生（Clayton M. Christensen）所謂的「創新的兩難」，而結果，樂高就犯了這樣的失誤。

於是，二〇〇四年，樂高的赤字創下新高紀錄，面臨公司必須轉賣的經營危機。

可是樂高就從那個谷底開始往上爬，驚人地復活了！

樂高在危急之秋重新審視了自我基本價值，將事業重心集中在「組合積木」的消費體驗上，重新擘畫戰略，將整個組織改造，用最有效的方式將自身價值呈現給消費者。

這就是從危機的谷底重新再攀上世界王位的樂高復活大戲。

本書是筆者將踏訪位於丹麥的樂高總部以及世界各地的工作現場，從經營高層到現任員工、前任員工等，採訪樂高相關的各方人士後，所寫成的關於樂高「如何擺脫大宗商品化經營」的全紀錄。

不斷推陳出新的方法技巧、將樂高迷的創意應用到商品開發的「用戶創新」平台策略、吸引優秀人才的「存在意義（purpose）」經營方針……尤其是樂高近二十年所發展出來的經營思想與商業模式，我想對於組織的領導階層或是新創企業的負責人來說，應該都能帶來一些啟發與刺激，能成為擺脫大宗商品化陷阱的經營教戰守則。

度過第二次危機

樂高在度過二〇〇〇年代初期的經營危機，再度復活之後，危機管理能力獲得大幅提升。

在創下連續十三年營收獲利雙增的絕佳紀錄後，在二〇一七年度財報上忽然又變成了營收獲利雙減，不過這一回，樂高迅速做出了應變對策，再度奪回贏勢。

二〇一七年十月新上任的樂高執行長尼爾斯・克里斯蒂安森（Niels B. Christiansen）很快地針對樂高在高速成長期中所出現的各種陋病加以改善，成功地重整了經營體質。面對新冠肺炎所造成的大環境變化，他也機敏地做出反應，結果在二〇二〇年度財報上，集團又創下了最高收益紀錄。

樂高在尼爾斯・克里斯蒂安森領導之下，再度踏上了成長軌道。

當然這並不表示樂高今後都會一帆風順，目前新冠疫情還看不到終點，而玩具業界肯定也還會不斷有震撼業界的新技術出現。在此就不多舉智慧型手機為例，我們都看得出來，娛樂數位化的腳步正在不斷加快中。

就算樂高曾經克服過創新的困局，一旦失去靈活應變的能力，依然可能再度陷入危機。

不過有一點很明確的是，自省公司存在意義的企業文化已經在樂高扎了根。

「我們想成就出什麼？」「我們能貢獻社會什麼樣的價值？」「若有一天樂高消失了，這個社會有什麼損失？」

這個樂高公司時時自省的課題，若將它代換為「若有一天**自己**不在了，**公司**會有什麼損失？」——這應該也是所有今後要在這個時代生存下去的人，所會面對的問題。

樂高與日本的奇妙緣分

在正式討論樂高的一切之前，我想先提一下樂高與日本之間不可思議的連結。

在樂高從經營危機復活的背後，其實緊要關頭上存在著一位日本創業家的影子。前文提到的那個將樂高迷的創意點子化為實際產品的平台「樂高Ideas」，便是由這位日本人與樂高共同催生出來的成果。

另外，包含樂高在全球暢銷的「樂高旋風忍者」系列在內，許多系列產品背後，靈感都來自日本的玩具廠商。

比如二〇二〇年帶動業績上升的「樂高超級瑪利歐」系列，就是與從前將樂高逼至存亡之秋的電視遊樂器之王「任天堂」所共同打造的成果。

樂高的復活與成長背後居然曾經受過日本影響，這件事對我這個日本人來說實在很有意思。

本書除了收錄樂高歷任執行長的專訪，也採訪了用戶創新領域的權威——麻省理工學院（MIT）史隆管理學院教授艾瑞克．馮希培（Eric von Hippel）、程式語言「Scratch」開發者——MIT媒體實驗室教授米契爾．瑞斯尼克，

以及將樂高應用到企業戰略擬定的「樂高認真玩」的羅伯特．拉斯穆森（Robert Rasmussen）等人。

這些人在日本的知名度或許不太高，但都是聞名全球的傑出人士。就意義上來說，MIT也與日本一樣，是與樂高有很深連結的組織，對於樂高經營帶來了不小影響。

書末亦收錄了幾乎前所未見的樂高工廠實地探訪紀錄。

樂高一開始只是一家兒童取向的玩具製造商，在擴展過程中，不但將玩樂高的樂趣分享給了好幾個世代的人，也把市場標的拓展到了成年人身上。除了娛樂之外，樂高更發掘學習價值，將產品的用途延伸到教育、企業經營以及創新等領域上。

向不畏競爭和模仿的樂高，學習打造全球第一品牌的祕訣。

如果能在爬梳這麼一家有意思的公司的經營過程中，幫助各位讀者找到「屬於自己的價值」，那絕對是筆者的榮幸。本文除了特別標註之處，提到的頭銜都以採訪當時為準。此外，除了專訪單元以外，本文一律省略敬稱。

第 1 章

超越GAFA的經營效率

持續創造價值的四大要件

照片：2021 年建於發源地丹麥西部比倫的樂高新總部。

位於北歐丹麥西部，一個人口約六千人的小鎮比倫。

在這個規模幾乎等同於一個日本鄉村的小鎮裡，吸引全球無數愛好者的積木玩具總部就坐鎮其中。這件事，就連在歐洲也沒什麼人知道。

二〇二一年三月十日早晨，一名高挑男子在這棟位於小鎮中心、甫落成的嶄新商業辦公大樓裡靜候出場。

尼爾斯．克里斯蒂安森——全球最大玩具廠商「樂高」的執行長。

一頭棕栗色頭髮搭上茶褐色鏡框的招牌眼鏡，白襯衫再罩上一件深藍色的外套，表情放鬆地凝視著鏡頭。很快的，他就要在線上發表二〇二〇年度財務報告。

在由員工研習室特別改裝而成的攝影棚內，工作人員為了開播準備忙進忙出。在此一個半小時前，刊有樂高業績數字的新聞稿已經發出去了，各家媒體也迅速地發出了快報。

「樂高年獲利創下歷史新高！」

上午十點三十分，尼爾斯．克里斯蒂安森眼睛餘光掃過這樣的標題，開始線上簡報。

新冠疫情下依然獲利創新高

「大家早！」

在現場站著簡報的尼爾斯．克里斯蒂安森首先問候了觀眾，之後慰勞了在全球各地大約兩萬名的員工。

「新冠肺炎在轉瞬之間改變了眾人的生活與工作模式，在這史無前例的挑戰接連不斷來襲的現況中，我們全球各地的樂高員工依然捨身投入工作，我想先在這裡向他們致上我由衷的謝意。」

尼爾斯．克里斯蒂安森如此有禮地傳達了謝意後，接著向全世界孩子道謝。

「感謝有這麼多小朋友，在疫情期間不得不待在家的這段時間，願意選擇樂高做為你們的玩伴。」

在公司財報場合上，居然出現公司領導人認真地對小孩道謝的情景，我想大概也只有在玩具業界才看得到了。

畢竟樂高在新冠疫情期間大受歡迎，正是推升業績一飛沖天的主要原因。二〇二一年，美國市調機構 RepTrak 所發表的全球企業聲譽排行榜中，樂高超越「勞力士」與「法拉利」等企業，榮登榜首。

「樂高的品牌信任度與認知度，都來到了前所未有的顛峰。」

尼爾斯．克里斯蒂安森報告完後，挺起胸膛說了這麼一句。

那充滿了自信的風采，讓人十足感受到帶領全球玩具第一品牌的領導者風範。站在那裡的他，臉上已經沒了三年前那支支吾吾回答媒體提問的緊張神態了。

這也是當然，畢竟自他上任擔任樂高執行長的三年期間，已經交出了非常漂亮的成績單，足夠引以為豪地發表演說了。

讓卓越的經營效率更加卓越

他的自信首先展現於業績之上。

「我們所有數字都達標。」

當螢幕上一出現了往右上攀升的長條圖，尼爾斯．克里斯蒂安森便笑著說道。

樂高的二〇二〇年度財報上，集團合併營收較前期增加了一三．三％，達四三六億五六〇〇萬丹麥克朗（約一八六四億一一一二萬元）、營業利益較前期增加了一九．二％，達一二九億一二〇〇萬丹麥克朗（約五五一億三四二四萬元）。

其實這是睽違四年再度達到兩位數的增益成績，營收、營業利益雙雙破了過去的紀錄。這是樂高首度於全球十二個主要市場，皆達到營收較上期成長的好成績。

這種成長力，在玩具業界顯得很突出。

如果我們光看樂高營收結構中消費者的部分，其成長幅度比上一期多了二一％，較二〇二〇年玩具業界平均為一〇％的成績多了一一％。當長年競爭對手——銷售「芭比娃娃」的美國美泰兒公司與「大富翁遊戲」的美國孩之寶公司，正因新冠肺炎而陷入苦戰時，樂高反而搭上疫情順風車一路飆升，營收超越了兩家美國的競爭同業，穩坐玩具業界第一名的寶座。

不只是營收規模。

樂高的營收走勢

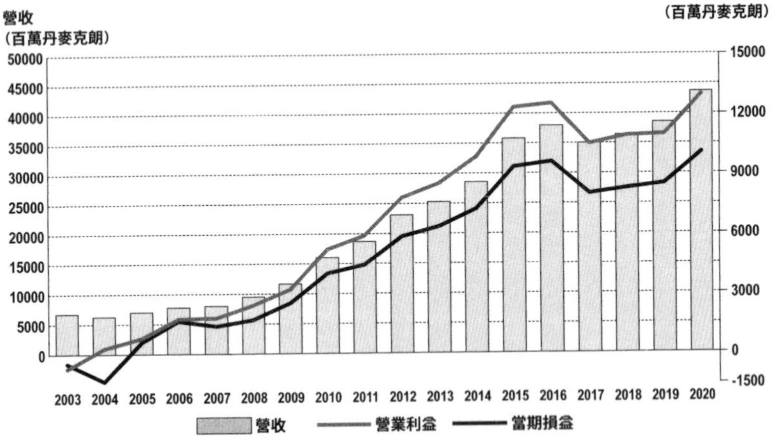

出處：作者根據樂高年度財報製表。

樂高藉由實行將事業重心集中於積木開發與製造的經營模式，讓卓越的經營效率又更上了一層樓。

一般的玩具製造商每一季都要隨著開發新產品而更新生產設備，可是樂高的積木生產設備幾乎不太需要更新。也就是說，樂高只要把積木的搭配組合改變一下，放進新的包裝中出貨，就能持續生產新商品了。

如此卓越有效的經營模式，讓樂高在二〇二〇年度財報上的營益率達到了二九．六％，ROE（股東權益報酬率）達到四三．四％，相較前期，兩者各增加了一％與六％。

2020 年發售即竄升為人氣系列商品的「樂高超級瑪利歐」。

雖然不同產業無法輕易比較，但如果我們光看ROE，樂高的成績甚至還比美國字母控股（Google母公司）的一九％、美國Facebook的二五．四％、美國亞馬遜集團的二七．四％（皆為二〇二〇年度財報）還高，等於在數字上，足以與被譽為「GAFA」的全球網路巨擘相比。

第二個自信，來自於事業核心的樂高暢銷產品。

最新一項產品是二〇二〇年與任天堂合作的「樂高超級瑪利歐」系列。

由於可以用樂高重現這個全球知名的遊戲場景，並具有獨特的附加價值，令超級瑪利歐系列大受歡迎。

2021 年 3 月發售的「樂高 VIDIYO 舞台」，
可以使用積木製作原創的音樂錄影帶。

那就是，賦予了玩家自由，用自己雙手打造出一個專屬於自己的超級瑪利歐世界。

不只是照著組裝說明書，把積木組一組、拼砌出既定的模樣而已，而是讓玩家發揮自己的創造力，設計出原創的關卡。

由於細節上非常用心，提升了整體的臨場感，因此在正式開賣前就已經掀起一波話題，馬上成為了樂高的熱銷系列商品。

二〇二一年三月發售的「樂高 VIDIYO 舞台」，則將樂高積木與智慧型手機等數位產品結合在一起，讓玩家製作自己的音樂錄影帶，如此的產品特色備受矚目。

這是樂高與環球音樂集團合作催生出來的系列，只要從環球音樂集團的音樂資料庫中挑選出自己喜歡的曲子，再將各種音樂零件拼在一起，然後用專用的應用程式拍照，就能創作出一支音樂錄影帶。

玩家還可以把完成後的音樂錄影帶投稿到專屬的網路社群上，就「組合積木」這項玩樂高的本質來說，這個系列可說是賦予了它一個嶄新的意義，也非常受歡迎。

「有人過說，電視遊樂器和數位產品是樂高的敵人，不過這已經是過去式了，現在的小孩子玩遊戲的時候根本不會意識到現實與虛擬之間的藩籬。在這樣的時代裡頭，樂高應該要怎麼玩？我想『樂高超級瑪利歐』與『樂高VIDIYO舞台』系列，就是先驅案例之一。」

尼爾斯．克里斯蒂安森這麼說明道。

不過，比起業績和產品熱銷，更增加尼爾斯．克里斯蒂安森信心的是，全球的樂高迷正在不斷地增加。

樂高迷在網路上互相交流、聯繫，而由粉絲建立起來的社群，在近幾年是愈來愈熱絡了。

其中一例，便是樂高從二〇一七年開始提供服務的社群平台「LEGO Life」。

這是專為小朋友設計的網路社群，用戶可以在網路上發表自己的樂高作品。這個社群不但專供孩童使用，使用時還得徵得家長同意，而且每一篇投稿都會經過管理員審核，留言也僅限用表情符號。

在安全性上如此周全的考量，博得了家長的普遍信任，用戶遍及世界各地。現今包含日本在內，全球共有八十幾個國家、超過九百萬名以上的兒童用戶加入了「LEGO Life」，讓這個社群平台成為一個讓孩子彼此展現自傲作品的園地。如今這個社群有來自全球各地的投稿，已經成長為全球名列前茅的兒童專用平台。

不只是小朋友，由成年愛好者成立的樂高社群也不斷增加中。

備受各年齡層喜愛、老少咸宜的樂高，從以前就有所謂的「AFOL（Adults Fan of LEGO）」，也就是樂高成人玩家的交流社群。新冠疫情出現之後，社群裡的交流討論更是盛況空前。

遠距辦公讓大家在家的時間變多，使得很多大人又重拾了樂高。比方說，「樂高Ideas」這個透過投票將粉絲原創作品產品化的平台，其網站造訪人次整整比新冠疫情之前多了一．五倍，這種現象正反映了粉絲的暴增。

樂高乘勢追擊，抓緊這股潮流，在二〇一九年收購了專供樂高成年粉絲交流的社群「BrickLink」，不分老少，積極拓展樂高迷的交流園地。

在新冠肺炎這樣混亂的時局下，樂高沒有迷失自己的強項，不斷推出暢銷產品、擴大經營粉絲社群。尼爾斯．克里斯蒂安森說：「今年成績實在好得過頭了」，但他也沒忘了在最後提醒大家——

「好成績當然值得高興，但我們的事業並不是以此為目標。樂高，永遠是為了孩子而存在、為了未來而存在。」

度過危機的V型復甦

樂高強勢回歸！

這一天，歐美主流媒體紛紛大篇幅報導了樂高的佳績。

雖說樂高是全球第一的玩具廠商，但以非上市公司來說，這種情況實為罕見。媒體快報報導了樂高的年度財報，全球無數的樂高愛好者社群也紛紛轉貼了這些報導，為樂高年獲利創下歷史新高而沸騰。

不過最對這成果感到安心的，應該是尼爾斯．克里斯蒂安森本人吧。

（總算重建出能夠發揮出樂高自身優勢的體制了。）

四年前的二〇一七年十月，尼爾斯．克里斯蒂安森剛上任時，樂高正陷入一片混亂之中。

直至前一年的二〇一六年度財報為止，以勢如破竹之姿持續成長的樂高，於隔年的二〇一七年上半年財報，一下就陷入了營收、獲利雙減的窘境，之後全年度的財報依然沒有起色，以營收、獲利雙減收尾。

在那之前，樂高已經連續十三年維持了營收、獲利雙增的亮眼成績，以領先全球的革新企業之姿備受矚目。再加上從二〇〇〇年代前期的經營危機中復活的戲劇性發展，也為之增添了話題性，使得樂高常受媒體報導，也時常被商學院當成企業案例介紹。

但是二〇一七年營收、獲利雙減的消息一出來，沾染了一抹衰退的陰影後，各界對於樂高的評價忽然冷酷了起來。

原本把樂高捧上天的媒體就像翻了臉一樣，紛紛對樂高拋出充滿質疑且批判的聲音，再加上樂高的高層人事大洗牌，「成長神話結束了」——這樣的標題愈來愈常躍上媒體版面。

樂高又要衰退了嗎？

尼爾斯．克里斯蒂安森就是在如此混亂時期，接下了樂高執行長一職。

他一上任，便精準看出樂高面臨的難題本質，迅速對症下藥，其具體對策將在本書第九章做詳細說明，總之就結果來說，他只花了三年時間便成功讓樂高再度走回了成長軌道。

樂高突破了新冠疫情所造成的亂局，創下破天荒的業績紀錄後，聲譽又再度水漲船高。態度現實的媒體界讚譽尼爾斯・克里斯蒂安森為「樂高救世主」，但他本人倒是很冷靜。

「樂高在這麼長的經營歷史中數度遭遇困局，而每一次都藉此危機重新審視了公司自身的價值所在。一家能夠自省的公司，絕對不會輕易褪去光芒。」

一直以來，樂高只專注於積木的開發與生產上，卻從不曾輸給削價與技術競爭，也確保自身獨特的品牌力，持續被選為全球第一玩具品牌的關鍵，就在於——

樂高長年來不斷精益求精的這四大強項：

強項①火力集中
大膽專注的商業模式

樂高的強項，第一點就在於他們很清楚自己的競爭力在哪裡，並且將火力集中。以樂高來說，那就是把事業聚焦在積木的開發與生產上。

樂高的積木專利自一九八〇年代起，就陸續在全球各地過期了，現在任何一家廠商都可以製作和樂高一模一樣的積木。事實上，很多廠商都生產了可以與正牌的樂高積木互換的廉價積木，群魔亂舞之下，樂高就被大宗商品化的浪潮給捲走了。

樂高為了突破這樣的困境，一度選擇了多角化經營，往「脫離積木」的方向猛進，可是這樣的改革卻以失敗告終。

被逼到死巷的樂高於是決定，再度將事業重心擺回開發與生產積木的這項強項上，把資金集中在這上頭，再也沒有三心二意，不斷精益求精的結果，奠定下了超高效率的經營模式。

現今樂高也跨足電影與電玩等多元領域，不過除了積木開發與生產外，其他基本上都是以授權的方式合作。

如前文所述，這種極其簡單的經營模式，為樂高帶來了超高營益率。掌握自己的長處，並加以善用，建立良好的經營體制，這便是樂高之所以強大的第一關鍵（詳情請見第四章）。

強項②不斷催生熱銷款

提高打擊率的產品開發方式

樂高雖然清楚自身的強項，也把事業重心擺在上頭，可是光靠這樣，並不足以將其他生產廉價積木的競爭對手遙遙甩在後頭。樂高必須持續推出能夠凌駕於其他對手之上的暢銷產品。

對於總是一下子喜歡這個、一下子喜歡那個的孩子，要不斷產出將他們的心給緊緊抓住的商品，並不是一件易事。因此玩具業界也和電影、音樂業界一樣，在產品開發上很容易判斷失準，有業績起起伏伏的風險。

要怎麼樣在這樣的環境裡頭，一直領先群雄呢？

就結論來說，樂高已經在公司體制裡頭，建立起了每一年都能夠推出熱賣商品的結構。

一項新產品並不會在開發出來的當季就結束了，而是能一直循環使用、再造，孕生出另一款新產品。樂高透過建立這樣獨特的架構，取得了非常好的成績。其結果，就是樂高現在每年都會推出超過三五〇款的新產品，而每年營收，有一半以上就是由這些新產品所貢獻而來（詳情請見第四章）。

強項③活用強大社群力

從粉絲創意中開拓出暢銷品

樂高的第三樣強項，就是巧妙地將熱愛自家商品的粉絲力量，導入產品開發的環節之中。

樂高很高明地從狂熱粉絲的社群中汲取了他們的巧思，應用到產品開發上，藉此打造出前所未有的創新產品。

製造商在產品開發的環節，時常存在著一種矛盾。

為了獲利，廠商需要確保一定程度以上的銷售量，因此在開發新產品時，很容易參考既有的熱賣款，尋求滿足消費者需求的最大公約數。可是一但想要討好所有人，就愈難打造出充滿潛力的實驗性商品。

但若是不能在開發產品時，將超越既有路線的創新思維帶進商品裡，以中長期來看，廠商的活力絕對會停滯。

於是樂高採取了一項做法——那就是能夠集結世界各地的樂高迷創意，並應用到產品開發上，稱為「樂高 Ideas」的平台。在那個平台上廣徵粉絲作品，進行人氣投票，並且將受歡迎的產品實際生產推出，我想這應該可以算是樂高版的群募吧。

將粉絲的聲音反映到產品開發上，這麼做看起來好像很簡單，實則不然，要應用在實務上，必須先解決掉各種難題。實際上，樂高整整花了六年以上的時間不斷嘗試、調整，這項服務才正式上線。

樂高在架設「樂高 Ideas」平台的過程中，再度體認到自身的長處就在於擁有活躍的粉絲社群這件事。

因此樂高現在依然非常用心地經營粉絲社群，諸如「樂高達人」、「樂高大使網絡（LEGO Ambassador Network，簡稱 LAN）」等等，提供了許多認證或獎勵粉絲的機制，讓人覺得身為一位樂高迷是件很光榮的事。樂高花了很多心力在這些策略上。

另外，正如序章所提及的，「樂高 Ideas」是與日本創業家合作完成的服務（詳情請見第五章）。

強項④明確的存在意義

不斷對公司內外表明企業的「主軸」

樂高的第四個強項，就在於樂高非常明確地向外界傳達出「自己為何存在」的企業存在意義。

樂高將「使命（mission）」、「願景（vision）」、「價值（value）」、「承諾（promise）」、「精神（spirit）」等多項行為原則定義為樂高品牌架構，明確地打出公司所要追求的方向。

比如說自從二〇一〇年之後，樂高更投入於永續經營中，這也是基於「使命」項目中所揭示的理念——「啟發並培養未來的創造者（Inspire and develop the builders of tomorrow）」。

若想提供未來的創造者永續價值，企業就必須將永續觀念帶入經營裡頭，重新審視環境、職場多樣性、工作意義、員工幸福度等等制度面向。

從推廣再生能源利用、落實減碳目標，甚至重新檢討核心產品積木的原料等等，樂高打出的企業對策，完全遵循了其提出的品牌架構。

關於這種企業存在意義的探討，近幾年，在日本也逐漸廣為人知。

當企業明確提示出了自己所要追求的方向後，對於公司理念感到贊同的員工便會更願意投入於工作中，最後便能帶動員工的士氣與提升他們的工作動力。

「我們所追求的是一個能讓員工認同公司使命、有歸屬感的職場。在今後的時代，企業若想招攬優秀人才，該如何明確傳達出自己的企業使命，這在經營上將會愈來愈重要。」

尼爾斯．克里斯蒂安森如此說明。當然，如何將企業存在意義以一種清楚易懂的方式傳達給公司內外部，也考驗著經營高層的智慧（詳情請見第八章）。

持續創造價值的四大關鍵

①理解自己的強項。
②創造一種能不斷收獲佳績的體系。
③經營社群、強化連結。
④明確表達出企業存在意義。

樂高為了克服大宗商品化危機而培育出來的這四大強項，同樣適用於面臨如此困境的企業，這點其實是非常本質性的。

此外，大宗商品化這個議題，在如今伴隨ＡＩ興起所造成的人類價值何在的大哉問上，也值得探討。就這項觀點來看，樂高的存在極其具有啟發性。究竟樂高是如何提升「人的價值」呢？詳情請參閱第六章與第七章。

當然，樂高也不是一下子就找到了答案。

當我們回顧樂高的經營歷史，會發現樂高也曾經陷入過於驕傲自滿，沒有意識到競爭環境已經改變的事實，而陷入嚴重經營危機的時期。

當兒童玩家的心已經遠離，樂高還是很自負，認為自己最懂孩子的心，不知變通的結果終於迎來了危機。

等到樂高發現不對勁，才從外頭找來了企業重建專家，然而努力的結果並未通向成功。結果就是在二〇〇〇年代前期，真真確確地瀕臨了破產邊緣。

但也就是在如此不斷克服危機的過程中，淬鍊出了強大的樂高。

樂高最終尋得的擺脫大宗商品化經營的做法，就本質上來說，也可以說是一段建立出獨一無二、不輸給削價和技術競爭的品牌打造過程。

究竟樂高是如何來到今天？

要了解這點，就必須先從樂高最初面臨的經營危機說起。

時光往後退回距今大約十八年前……。

第 2 章

沒有人要玩樂高

陷入創新的兩難

照片：1990 年代獲得孩子們壓倒性支持的樂高出了狀況。

事發於二〇〇三年底。

在丹麥比倫的樂高總部的某個房間內，克伊爾德．科克．克里斯蒂安森（Kjeld Kirk Kristiansen）被銀行的融資小組團團包圍。

克伊爾德．科克是樂高創辦人奧爾．科克．克里斯蒂安森的孫子，於一九七九年至二〇〇四年的二十五年間，擔任樂高執行長的他可說是樂高集團的門面。如今他已經年過七十，依然精力充沛地參與經營。

而二〇〇三年當時，克伊爾德．科克五十五歲，樂高正陷入極惡劣的經營狀態，與現在截然不同。

「債務的償還有眉目了嗎？」

融資小組的反覆追問，將克伊爾德．科克逼入絕境。

那年樂高的結算無疑是呈現赤字，背負了巨額負債，自有資本比率大幅下降。

樂高徹底失去了創業以來的驕傲——比任何人都了解孩子的自信與光采。

（怎會淪落到這番局面呢……。）

面對賣不掉的商品和巨額債務，克伊爾德．科克只能自問自答。

從木製玩具起家的樂高

樂高的歷史與歐洲經濟的變遷相依相隨。

一九三二年，樂高作為玩具製造商起步。然而，創業過程並不順遂。

克伊爾德．科克的祖父，也就是樂高創辦人奧爾．科克，是位相當有才華的家具工匠之子。

奧爾．科克繼承家業後，一九一六年成立了木作家具工坊。此後，以家具工匠的身分謀生，但在一九二九年，他的人生出現了大變動。經濟大蕭條的餘波襲擊了克里斯蒂安森一家。

美國的金融危機對歐洲造成莫大的影響，而丹麥的經濟當然也無從倖免。景氣的低迷打擊丹麥國民的家計，使得家具的需求驟減。

在這股餘波下，奧爾．科克的公司面臨破產危機。

失去妻子必須獨自扶養孩子的奧爾．科克，沒時間沉浸在悲傷之中。他拚命尋找可以替代製作家具的生意。

於是，他下定決心開發兒童玩具。

為了充分活用家具工匠的經驗，奧爾．科克首先以製作木製玩具為主。

「即使對象是兒童，應該也要提供和成人相同品質的製品。」

這是奧爾．科克的主張，就算是玩具，他也堅持提供不亞於成人產品的品質。不論是鴨子或汽車、拖引機、消防車等等，他製作的木製玩具皆徹底講究細節，而不易受損的耐用性也是一大賣點。

作工精細逼真，即使掉到地上或敲敲打打也不易毀壞。做出這種父母能夠安心給孩子玩的玩具，是奧爾．科克追求的目標，後來的樂高積木也是如此。

一九三四年，奧爾．科克將玩具公司命名為「LEGO（樂高）」。「LEGO」是從丹麥語的「Led Godt（盡情玩樂）」衍伸出來的名稱，巧的是，「LEGO」在拉丁語也有「我在組合」的意思。

然而，奧爾．科克的堅持在草創初期並未受到孩子青睞，沒沒無聞了好幾年。加上玩具工坊頻頻發生火災，災難不斷。

可是，要是失去玩具事業就真的一無所有了。所以，奧爾．科克始終不放棄，持續埋頭製作玩具。

一九三九年，勉強撐住事業的奧爾．科克迎來良機。第二次世界大戰爆發，在歐洲擁有極高市占率的德國玩具大廠陸續被迫停工。

儘管是戰爭期間，服兵役的男性為了祖國的孩子仍會購買玩具，所以玩具的需求並未中斷。樂高取代了德國的玩具廠商，接手市場需求，業績迅速飆升。

戰後，玩具的訂單維持穩定，樂高的木製玩具事業終於步上軌道。

一九四七年，開始了現今樂高事業的起源。

奧爾．科克的兒子戈弗烈．科克．克里斯蒂安森（Godtfred Kirk Christiansen）籌措了三萬丹麥克朗，從英國進口塑膠射出成型機，著手開發當時流行的塑膠玩具。

由孩子自行思考玩法

塑膠射出成型機的技術讓戈弗烈．科克創作出前所未有的精巧玩具，他做出汽車、卡車或動物等各種塑膠玩具。

後來，積極投入塑膠積木的開發，可說是樂高積木的原型。

起初，樂高設定的積木概念是組合堆疊，讓孩子們自由做出喜歡的建築物或交通工具。

通常玩具都會有個預設的玩法，說明書也會和玩具包裝在一起，而孩子們基本上也就照著說明書來玩。不過，積木不必照著說明書也能玩，可隨著組合方式做出喜歡的東西，孩子們可以自行思考玩法。

「只要製作順利，說不定能夠成為劃時代的玩具。」

儘管積木最早只不過是兩百多種塑膠玩具的其中一項產品，克里斯蒂安森父子一步步讓人對塑膠積木的開發充滿期待。不同於以往玩具的玩法，這個概念讓他們找到極大的可能性，躍躍欲試。

在不斷摸索之下，一九四九年完成了最初的積木玩具。

不過，孩子們的反應並不如預期。

起初孩子們不知道怎麼玩積木，儘管一開始願意花時間摸索，但很快就失去了興趣。

積木無法抓住孩子們的心，原因有很多。

初期的積木不像現在的積木有互相接合的「咬合機制（clutch）」，只能堆疊，稍有搖晃就會垮掉。再加上商品名稱叫做「自動組裝積木（Automatic Binding Bricks）」，是個令人難以想像的艱澀名稱。

儘管如此，克里斯蒂安森父子對新概念很有感覺。所有的積木都能和其他積木連結，只要數量增加，組合的可能性就會擴大。

「這正是刺激創造力，提高創造慾，帶來製作樂趣的玩具啊。」

戈弗烈．科克這麼說，他不輕言放棄，持續改良。

歷經一番艱辛，終於在一九五八年完成了咬合機制。在積木底下加上三根空心管，創造出能夠連結下方積木表面凸起的「凸起管結構（stud-and-tube）」。

這個結構提升了積木的強度與自由度，玩法變得更加多元。一九五三年，商品名稱變更為簡單易懂的「樂高積木（LEGO Brick）」，總算引起孩子關注。

而且，克里斯蒂安森父子也驚訝地發現，孩子一旦開始玩就會著迷於其中。

玩法的自由度受到喜愛

當時克里斯蒂安森父子認為樂高積木具有兩種魅力，這也可說是樂高持續至今的、最根本的價值。

首先，是積木的耐用性與互換性。即使是稍微踩踏也不會破損，孩子們拿來咬也不易受損。而且，一九五八年製造的積木也能和二〇二一年製造的積木精準咬合，是可以跨世代傳承、耐玩的玩具。

其次，是玩法的無限可能性。

戈弗烈．科克發現可以互相連結的積木愈多，組合的可能性愈大，這個概念後來變成一套「遊戲系統」。樂高積木銷售時，雖然會示範拼組成交通工具或街道場景，但都只是玩法的其中一例而已。

孩子們可依自己的創意做出和包裝盒上不同的交通工具，或是擴大街道場景，具有能夠自己創造玩法的自由度。

什麼都能組合的堅固積木以及自有一套遊戲系統，樂高以這兩個價值為武器，將現實生活中的各種場景做成系列商品。

例如，初期暢銷的系列之一是丹麥的農家風景。嚮往父母駕駛拖拉機的孩子們，在樂高的世界裡玩得不亦樂乎。拖拉機系列推出後，一年半就賣出十萬套，對業績帶來極大的貢獻。

加上火災不幸燒毀了木製玩具的工廠，一九六〇年樂高將經營資源集中在積木的開發與製造。

一九六三年，積木的原料從醋酸纖維素（cellulose acetate）換成ABS樹脂（acrylonitrile butadiene styrene），完成了品質幾乎與現在無異的積木。

而在歐洲獲得人氣的關鍵，是一九六六年推出的內置電池火車「樂高列車（LEGO Train）」系列，在德國創下熱賣紀錄。列車系列正是現在的人氣系列「樂高城市（LEGO City）」的起源。

憑藉這股熱賣風潮，在樂高當時的最大市場德國，樂高積木猶如穩坐龍頭。之後也擴展至歐洲的其他市場，鞏固了樂高是熱門兒童玩具的地位。

販賣遊戲主題的世界觀

戈弗烈．科克的兒子，也就是樂高第三代接班人克伊爾德．科克，在一九七九年接任執行長時，樂高的目標是成為所有年齡層的玩家都能開心拼砌的玩具。

樂高也擴充了產品陣容，在一九六九年推出將積木放大八倍，讓四歲以下的幼兒也能玩的「得寶（Duplo）」系列，一九七七年推出針對高階玩家的「樂高科技（LEGO Technic）」系列。

到了一九八〇年代，產品陣容變得更加壯大，增加了交通工具和建築物，包含城堡、太空等系列，藉由積木重現出各種「遊戲主題」的世界，令孩子們深深著迷。而樂高這個在歐洲開枝散葉的品牌，在美國也大受歡迎。

樂高在一九六一年進軍美國，至今美國仍是樂高的核心戰略市場之一。接著在一九六二年進軍日本，很快就以益智玩具的定位逐漸受到喜愛。從歐洲擴及美國，甚至亞洲，樂高的事業版圖急速擴展，一九六六年已在全球四十二國銷售產品。

樂高積木多樣化的世界觀，以及組合時能精準咬合的精緻作工。

當時世界上找不到追得上樂高優勢的競爭對手，不知不覺樂高成了獨一無二的積木玩具廠商。

造就收益來源的咬合機制是一九五八年提出的專利，在全球超過三十個國家登記、受到保障。然而，模仿樂高積木的類似產品還是源源不絕，樂高也逐一提出訴訟，獲得勝利。

儘管為了保護智慧財產權，必須付出相對的費用，但樂高成長速度驚人，足以減輕多起訴訟的成本負擔。

到了一九八〇年代，樂高已成為全球知名品牌。

不只是玩具，也陸續開發出促進嬰幼兒發育的寶貝系列、學校教材套組、可與電腦連動的產品等，擴大至技術與教育領域。

其實冷靜一想，不過是區區的塑膠積木，價格並不便宜。即便如此，全球的父母就算覺得貴，還是甘願掏錢買，樂高就是擁有這樣的品牌力。

克里斯蒂安森父子發掘的樂高積木價值，在這個時期迎向巔峰。

面臨專利過期的危機

然而，到了一九八〇年代後期，樂高的經營環境開始風雲變色。新的競爭對手一個接著一個出現，也開始具備和樂高同等的價值，大宗商品化的波濤即將吞沒樂高。

最大的影響就是專利過期。取得咬合機制的專利已經超過二十年，世界各國都在等著專利過期的這天到來。

於是，全球的玩具廠商接連開始製造和樂高相似的積木。美國的泰科玩具（Tyco Toys，現為美泰兒）、加拿大的美佳玩具（Mega Bloks，現為美泰兒）、中國的可可玩具（CoCo Toy Company）……一九八〇年代尾聲，陸續出現仿造樂高的積木。競爭對手的產品之中，不少是以能夠與樂高積木組合的互換性為賣點，搭著樂高的順風車，在巔峰時期出現十家以上的玩具廠商推出樂高的仿製品。

樂高對品牌擁有絕對自信，當初覺得競爭對手的類似產品不會造成多大影響，後來才發現那樣的想法是過度自信。

還有，最大的影響莫過於價格。

競爭對手的產品價格都比樂高便宜二～三成，使得想玩積木又覺得樂高太貴的消費者，紛紛轉而選擇競爭對手的產品。後來競爭廠商也開始推出和樂高相似的遊戲主題，瓜分樂高的市占率。廉價積木廠商的加入，使得積木玩具變得愈來愈便宜，連帶導致樂高的獲利率下降。

電視遊樂器奪走了孩子的心

專利過期的同時，樂高也面臨玩具業界新登場的競爭對手。

任天堂在一九八三年推出的「紅白機（Famicom）」，開創了家庭遊戲機的風潮並迅速崛起，成為威脅玩具的存在。

雖然在此之前也有能用電腦玩的遊戲機，但任天堂的紅白機在操作便利性與軟體魅力上皆極為出色。紅白機瞬間擄獲孩子的心，讓他們對電視上的遊戲著迷。

一九八九年，可攜式掌上型遊戲機「Game Boy」出現，讓孩子不僅在家玩，還隨時隨地都可以玩遊戲。

除了任天堂，打算侵吞市場的還有索尼電腦娛樂（Sony Computer Entertainment，現為索尼互動娛樂〔Sony Interactive Entertainment〕），在一九九四年推出了「Play Station」。美國的微軟也在二〇〇一年推出專用遊戲機「X Box」，電視遊樂器成長為一個龐大的市場。

區區的積木無法引起興趣

電視遊樂器瞬間打敗所有玩具，成為玩具之王，其魅力就連樂高也敵不過。比起電玩遊戲，積木缺乏刺激性，對孩子們來說是無聊的玩具。

不知不覺間，樂高成了過時玩具的代名詞。孩子對樂高頓失興趣，不再玩樂高積木的平均年齡也下降了，營收陷入低迷。

「看來，區區的積木已經無法引起孩子們的興趣，必須想出新對策才行。」

一九九〇年代，經營顧問公司數度如此告誡樂高的高層幹部。

當然，克伊爾德．科克等高層都有注意到環境的變化。電視遊樂器這個強大競爭對手的出現，加上保護樂高優勢的專利陸續過期，遭受大宗商品化浪潮的襲擊。

但，已經太遲了。

「成功的期間實在太久，儘管競爭環境改變了，員工依舊過度自信地認為樂高最了解孩子的心。」

當時的樂高員工事後回想道。

尤其是不接受變化、始終固執己見，擔任產品開發中樞的設計師們。

當時樂高有超過一百名設計師，各自都有中意的素材或色料廠商，有時甚至為了調製幾克特殊的顏色，購入數噸樹脂。設計師的開發費被視為禁區，實際上也沒人管得了他們。

支持著樂高飛躍發展，一同走到一九八〇年代的設計師，如今他們的成功經驗反倒成為改變的絆腳石。

事後想想，樂高的通路也已過時。創業時期支持樂高的多是社區玩具店這樣的零售商店，但在先進國家，隨著經濟的發展，賣場的王者也易主了。一九八〇年代，多數的玩具都是在擁有寬敞賣場面積的量販店銷售的。

競爭對手的玩具廠商為了因應這樣的變化，進行了資訊化或物流網的改革。然而，樂高幾乎沒有重新檢視自身的供應鏈。

樂高所處的環境顯然已有劇烈改變，但樂高的員工卻遲遲不接受眼前的現實。

孩子總有一天會回心轉意

「不管有多新奇的玩具出現，等最後玩膩了，就會回來玩樂高。」

多數樂高員工始終相信自己才是最懂孩子的心。即便隱隱感到不安，卻拒絕正視那樣的情況，繼續日復一日的工作。結果，經營高層也錯失了下定決心進行根本改革的時機。

然而，狀況愈來愈糟。

某位樂高員工回想起當時，自己的孩子放學回到家根本不甩積木，直接去玩電動，卻沒將這件事告訴公司。

「大家明知繼續這樣下去很不妙，公司內部卻沒有改變現況的氣氛。」

在市場上具有壓倒性市占率的企業，竟跟不上新的變化黯然退出。這是原為美國哈佛大學教授的克雷頓．克里斯汀生所提出的「創新的兩難」，當時正襲擊樂高。一九八八年，造就收益來源的積木製造專利，在所有國家都過期了。競爭對手陸續加入市場，積木的大宗商品化已成定局。

一九九三年，樂高營收持續十五年兩位數成長的神話中斷，樂高被時代淘汰了。

陷入困境的克伊爾德．科克為了抵抗逆境，展開增加樂高產品的戰略。

於是，一九九四年至一九九八年，產品數量增加了三倍，每年平均推出五種新系列。

「樂高比佛利（LEGO Belville）」系列、「樂高西部（LEGO Western）」系列、「樂高時間巡洋艦（LEGO Time Cruisers）」系列……。

然而，孩子們依然沒有回心轉意。五年之間增加的營業利益僅五％而已。

樂高失去了競爭力與品牌力，這已是不爭的事實。

率領樂高超過十五年的克伊爾德·科克，也不得不承認孩子的心已遠離樂高。

一九九八年度財報，樂高出現創業以來的首次赤字。

克伊爾德·科克面臨必須改革經營體制的狀況。

第 3 章

「樂高星際大戰」的功過

脫離積木而失去競爭力

照片：自經營危機之中誕生的「樂高星際大戰」系列。
至今仍是數一數二的人氣系列之一。

內部晉升與外部招聘——企業為了永續經營，應該從何者選出接班人呢？

針對這個問題，原為史丹佛大學教授、以暢銷書《基業長青》（*Built to Last: Successful Habits of Visionary Companies*，遠流出版）系列聞名的經營學家詹姆．柯林斯（Jim Collins）斷言——內部晉升最理想。

艱難課題——指定接班人

「就實際面來看，為了引導企業邁向卓越，從外部找來領導者進行公司內部大改革的看法毫無根據。況且，招聘知名的改革領導者與業績持續卓越成長是逆相關的。」

柯林斯在《從A到A⁺》（*Good to Great*，遠流出版）中這樣說，理由如下：

「在指定接班人的董事會上，內部晉升者累積的資訊量占絕對優勢。除了熟悉事業環境，他們所擁有的豐富戰略經驗到公司內部的人脈等，都是外部招聘的經營者無法比擬的程度。而事業或產品種類複雜的企業，更有這樣的傾向。」

因此，要成為傑出的企業，培育內部人才不能怠惰，配合公司的願景，時時將最適合的人才留在組織內——柯林斯在書中提出這樣的主張。

另一方面，也有由外部人才接手經營成功的例子。

說到日本企業的代表案例，就會想到二〇一〇年讓背負巨額債務破產的日本航空（JAL）起死回生的京瓷（KYOCERA）創辦人稻盛和夫。

當時，他只帶了幾名員工就任會長，花費約三年的時間重建日本航空，而稻盛的想法和柯林斯的主張恰好相反。

「（外部招聘的經營者）不會受制於該公司固有的價值觀，尤其是當該企業的文化對經營造成負面影響時，由外部的人來切割最適合。內部的人無法察覺的問題，外部的人也能夠看得一清二楚。」

在接受財經雜誌《日經Business》回顧日本航空重建的採訪時，稻盛這麼說。

透徹了解事業全貌的內部晉升者，能夠掌握實際情況，擬定準確的戰略，接手讓事業走向成功之路，但有時也會過於在意事業的累積成果，無法果斷做出決定，導致失敗。

內部晉升或外部招聘

總之，由此導出的結論是，接手事業只看結果。

美國的跨國綜合企業奇異（GE）被柯林斯讚譽為培育優秀經營者的組織，該公司嚴格的領導人培育機構——「克羅頓維爾（Crotonville）」廣為人知，受到全球人資相關人員的關注。該機構培育出傑克．威爾許（Jack Welch）、傑夫．伊梅特（Jeff Immelt）等稀世經營人才。

曾有一段時期，許多企業將奇異的領導人培育課程當作範本，採納該公司實行的經營管理手法「六標準差（Six Sigma）」或社內大學等制度。

然而，在二〇一七年，奇異陷入經營不善的危機，同年接手執行長的約翰．富蘭納瑞（John Flannery）約莫一年後，不得不引咎辭職。現在則由擔任過美國工業設備大廠丹納赫（Danaher）執行長的勞倫斯．卡普（Lawrence Culp）致力重建。

將「Uniqlo（優衣庫）」發展為全球品牌的迅銷（Fast Retailing）集團會長柳井正，過去接受《日本經濟新聞》採訪時，談到接班人這麼說：

「我認為必須是公司內部的人，否則無法獲得大家的支持。獲得支持的領導人與是否受人喜愛無關，而是讓人覺得可以聽聽看這個人說的話。所以，必須（對部下）給予具體明確的指示，含糊不清的概念或方針是經營不下去的，不夠具體或沒有區別性都無法成功。」

然而，就連柳井會長過去也曾兩度從公司內部和外部指定接班人，結果皆以失敗告終，如今他仍持續擔任經營者。

柳井會長的盟友、軟銀（SoftBank）集團的會長孫正義，也在二〇一五年指定前Google幹部、印度裔出身的尼科許．艾若拉（Nikesh Arora）接班，但約一年後就撤回了決定。孫會長至今仍在經營的最前線，接班人對軟銀集團來說成為眼下的一大課題。

即便是能力再好的經營者，都對選擇接班人感到棘手。陷入經營危機的樂高也為了這個難課傷透腦筋。

公司內部沒有感受到危機

時間再次回到一九九八年。

身為創始家族的一員兼執行長的克伊爾德·科克·克里斯蒂安森已無路可退，他擔任執行長約莫二十年的歲月，讓來自丹麥的樂高走向世界的經營手腕，如今已無法應付眼前的環境變化。屢屢出手應對卻皆以失敗收場，曾經發光發熱的樂高就這樣迅速地黯然失色。

問題就出在，克伊爾德·科克的危機意識並未傳達至公司內部。

「長達二十年以上的成功經驗，讓樂高這個組織變得遲鈍。即使危機逼近，職場卻仍充滿樂觀的氣氛。」

樂高的前員工事後回想這麼說道。多數員工對於樂高的榮耀深信不疑，認為以往的榮景會永遠持續下去。

然而，不論樂高如何增加產品數量，孩子始終沒有回心轉意。營收依舊低迷，增加的只有庫存和成本。

一九九八年秋季，樂高的財報出現創業以來的首次赤字。

「必須換掉領導人。」

同年十月，克伊爾德·科克下定決心退出樂高的經營前線，宣布從外部招聘新的領導人。

最後他找來的人，名為保羅·普羅曼（Poul Plougmann），他最有名的事蹟是作為營運長（COO），重建了陷入經營危機的丹麥頂級音響設備製造商鉑傲（Bang & Olufsen）。

招聘重建負責人

鉑傲是以獨創設計聞名於世的高級品牌，在日本也有不少狂熱粉絲。

一九二五年，深受收音機吸引的創始人彼得·潘（Peter Bang）和友人史范德·歐樂森（Svend Olufsen）成立了這個品牌。鎖定音響與周邊設備的開發，於一九三九年開發出收音機，正式踏上成為音響設備製造商之路。

二度經歷世界大戰，戰後邀請雅各布．延森（Jacob Jensen）等外部知名設計師建構出一套獨特的設計研發策略。獨特的世界觀受到音響迷和設計師喜愛，培育出許多死忠粉絲。

然而，進入一九九〇年代，經營開始出現瓶頸。

理由說穿了，就是產品和顧客的需求之間產生了落差。過度重視設計的結果，就是被機能精良的日本製音響設備瓜分市場。曾是鉑傲優勢的獨特世界觀最終招致自以為是的批評，使得粉絲逐漸遠離。

而擔任營運長的普羅曼成功地扭轉局面，他將組織合理化，對事業進行選擇與集中，並再次投入資源到自身的強項——設計研發上。

不久後，這家公司就復活了。

鉑傲是誕生於丹麥的品牌，企業歷史和文化與樂高相近，事業衰退的要因也相似。因此在眾人眼中看來，讓老品牌起死回生的普羅曼就是最適合重建樂高的領導者。不只丹麥當地的報紙以「創造奇蹟的男人來了」為標題報導，克伊爾德．科克也對其手腕寄予厚望。

一頭白髮、精神抖擻的普羅曼，無論外表或內心都是充滿活力的強悍男性。

他週一就從自家所在地巴黎搭約兩小時的飛機，前往樂高總部所在地比倫，馬不停蹄地接連開會，工作十分賣力。

一位樂高員工這樣形容他：

「思緒清晰，思考事物有條理，做決定相當明快。他是發揮強大領導力的典型人物。」

克伊爾德．科克成為形式上的執行長，實際的經營則交給營運長普羅曼。

積木的價值宛如風中殘燭

普羅曼立刻進入樂高內部進行勘查，他積極走訪各個工作現場了解情況，很快就辨明了樂高經營不善的原因。

（樂高的品牌力如今依然堅強，不僅是孩子，在父母或大人之間也贏得極大的信賴。但是，樂高最具有競爭力的積木事業已是風中殘燭，多數的員工卻未察覺。）

愈是了解公司內部的情況，在普羅曼眼中看來，積木的開發與生產猶如進入衰敗期。儘管如此，員工對那樣的現實卻視而不見。

「重建失去勢力的事業很難，與其那麼做，應該活用至今依然堅強的品牌力，開創新事業。」

普羅曼做出的結論是，樂高必須找到取代積木的新價值來吸引消費者。

樂高要在「脫離積木」的世界找出活路……。

這是普羅曼的想法。

「積木事業陷入困境，但樂高堅強的品牌力依然健在。既然如此，就該以此為關鍵，開創新事業。」

普羅曼向公司內部下令，提出的方針是全面著手開發能夠活用樂高品牌力的事業，逐一討論可能通用於「樂高」這個品牌的事業，並作為新事業經營。

從時裝到露營用品

說到「脫離積木」的對策，好比提供電視節目內容。

樂高有許多能應用到電視節目的產品，像是城市系列。透過電視，廣泛地向孩子們宣傳樂高這個品牌，進而提升積木的認知度與銷售。而且，樂高也藉由影像化，獲得授權費這項次要收入。

普羅曼打算用賺取授權金的商業模式取代積木，成為事業成長的支柱。

於是，樂高品牌開始進軍能夠產品化或服務化的各種領域。

最先加入的是電玩遊戲的世界。投入開發樂高的原創遊戲，還成立了專屬的研發部門。

此外，凡是想像可及的領域，如服裝、鐘錶、嬰幼兒用品、鞋子、露營用品等，都評估了授權的可能性。

為了宣傳品牌，普羅曼要求增加消費者與樂高的接觸機會。以往只有幾間的樂高直營店擴增至三百間，增加與消費者直接接觸的環境。此外，也決定讓丹麥比倫的「樂高樂園（LEGOLAND）」前進海外，計劃在德國或美國等有力市場開設。

「樂高星際大戰」的誕生

普羅曼的改革也迫使樂高的產品開發有了改變。

最具代表性的例子，就是和製作電影《星際大戰》的美國盧卡斯影業（二〇一二年被美國華特迪士尼公司收購）合作。

一九九七年，配合賣座電影的續集將在兩年後上映，開發樂高版《星際大戰》的企劃隨之而生。

《星際大戰》在樂高的戰略市場——美國擁有超高人氣，因此只要開發就保證熱賣。

然而，樂高的幹部對於這項提案面有難色，主要理由是「這會破壞以往樂高秉持的世界觀」。

長年以來，樂高作為一個以兒童為對象的玩具廠商，始終謹守「不創造會使人聯想暴力的世界」這樣的不成文規定。可是，以宇宙戰爭為題材的《星際大戰》完全背離了這個原則。

而且，為了製造樂高版《星際大戰》，樂高必須支付授權金給盧卡斯影業，原本打算靠授權費賺錢的樂高還反倒要付錢，這是令人難以接受的狀況。

公司內部經歷數個月的討論，最後同意進行將《星際大戰》做成產品。「產品開發也要有不被樂高過往世界觀限制的意識」，普羅曼如此堅定的意志促成了這樣的結果。

改變積木開發的常識。

普羅曼接手經營後的一九九八年，樂高發出新版的品牌手冊給在產品開發上具有最大影響力的設計師們，當中記載了「過去曾是強項的樂高積木，現在成了最大阻礙」。

為跳脫以往設計師堅持的價值觀，普羅曼從歐洲各國陸續挖角人才，於是，不願改變的設計師逐年減少。撤除禁區，並迅速在公司內部營造出一種要改變以往樂高常識的氣氛。

開發不是樂高的樂高

接著，樂高內部開始誕生出不受傳統限制，充滿企圖心的產品。

其一，是二〇〇二年推出的「Galidor」系列。這是針對喜歡戰鬥或激烈動作的男孩開發的產品，特徵是其積木零件和以往的樂高積木完全沒有互換性。雖然產品名稱有樂高，內容物卻與以往的樂高積木截然不同。這個不受既有常識限制的產品獲得讚賞。

另外，還有「傑克史東（Jack Stones）」系列。這也是和以往的樂高積木沒有互換性的玩具。與既有的樂高系列產品毫無共通點的設計，多數員工都不太適應。

然而，普羅曼對打破過去框架的產品，給予了高度評價。

另一方面，許多經典產品的開發也被重新檢視。

像是一直受到家長支持的「得寶」系列，因為不適合體現樂高的新價值而中止開發。固守得寶的行為，被視為是受樂高的窠臼所束縛。

普羅曼一口氣開創新事業的同時，也徹底進行裁員。

他就任之後，解雇了約一千名員工，相當於當時員工的一〇%。這種規模的裁員是樂高創立以來首見。

改革招致的功過

徹底削減成本，並成立取代樂高積木的新收入支柱，普羅曼冷靜地扮演好身為外聘企業重建專家的角色。

但是，對已經習慣樂高持續超過四十年傳統的多數員工而言，普羅曼接連提出的對策等於是毒藥。以資深員工為中心，公司內部對普羅曼的積怨日益加深。

普羅曼就任營運長三年後，脫離積木的改革為樂高帶來功過兩面的影響。

說到「功」，莫過於組織的活化。轉變為任何事皆可挑戰的環境，在組織中營造出創造全新暢銷商品的氛圍。

實際上，確實誕生了不少成果。

不顧經營幹部反對推出的「樂高星際大戰」系列成為樂高史上最暢銷的產品。在電影人氣的推波助瀾下，根據二〇〇二年度財報，樂高的營業利益是八億三〇〇〇萬丹麥克朗（約三億七三五〇萬元，以一丹麥克朗等於新台幣四．五元換算），獲利創下當時的歷史新高。

有鑑於這個成功案例，樂高開始固定和熱門電影合作，陸續開發出《哈利波特》、《法櫃奇兵》等暢銷的樂高商品。

和電視節目的合作也產生很大的效果。

樂高的內容也受到電視節目的關注，其行銷策略引發熱烈迴響。透過電視節目培養出的原創卡通製作技巧，也在日後活用於開發原創遊戲主題上，如「樂高好朋友」、「樂高炫風忍者」等。

樂高堅強的品牌力再次獲得證實。

電玩遊戲、遊樂園、服裝等多個領域收獲佳績。一九九七年推出電腦遊戲「樂高島（LEGO Island）」，順勢成立了遊戲開發部門「樂高媒體（LEGO Media）」。除了動作遊戲，也包含西洋棋、拼圖等教寓教元素，積極開發種類多元的遊戲。

主題樂園「樂高樂園」也計劃從丹麥拓點至英國、德國、美國及日本。由於樂高幾乎沒有負面印象，各國都很樂意接受這項計畫。

標榜「脫離積木」，讓樂高的價值從積木轉換為品牌，這麼看來普羅曼的策略似乎奏效了。

「這不是我認識的樂高」

不過，那樣的氣勢並未維持太久。

為取代積木拓展收入來源的新事業，開始後繼無力。隨著時間經過，普羅曼的改革之「罪」日漸明顯。

例如大熱賣的「樂高星際大戰」系列，在續集上映的那一年營收雖飛快成長，然而電影未上映的時期，業績卻大幅下滑。

電影的上映與樂高的業績唇齒相依，導致營運變得缺乏穩定性。而且，公司內部萌生了靠外部有力內容的加持就能帶來營收的想法，使得產品的開發力下降。

電玩遊戲或電視節目等其他事業也是如此。

因為具有話題性，起初雖受到消費者喜愛，但人氣不持久，到頭來多數都後繼無力。

以突破過往框架為目標的既有產品補救策略，最後也宣告失敗。

「Galidor」、「傑克史東」等和既有的樂高積木沒有互換性的產品，在孩子或家長之間反應不佳。粉絲也不太買單，大多表示「這不是我認識的樂高」，所以無法達到期望的營收目標。

更嚴重的是，多數消費者有了「樂高已經不是以前的樂高」這樣的印象，失去品牌熱情，對樂高的關注急速流失。

沒辦法一手包辦

結果，因為「樂高星際大戰」系列創下獲利新高的紀錄只維持了兩年，二〇〇四年度財報中，樂高的當期損益出現一八億丹麥克朗（約一〇二億元，以一丹麥克朗等於新台幣五．六七元換算）的赤字。

最嚴重的是，接連不斷投入新事業所累積的負債。二〇〇三年的自有資本比率是二六．七%，短短一年內下降至五．九%，樂高陷入創業以來的最大危機。

起初順遂的新事業為何無法持續下去？

原因之一，是想要一手包辦所有事。決定朝事業多角化發展，到這一步都還沒問題，但樂高將大半的衍生事業一手攬下。過去只有積木的企劃或製造、銷售經驗的員工被指派去各種新事業，負責經營管理。

在比倫總部擔任行銷的員工，被派去支援美國「樂高樂園」的營運；任職於積木玩具工廠的員工，必須去做完全不同領域的工作。雖然員工並非無法適應新環境，但現場充斥著困惑或不滿的聲音。

了解當時情況的員工這麼說：

「只做過積木開發的員工怎麼可能去做遊樂園的工作。」

當然，普羅曼特地派遣員工是有理由的。為了守住樂高的品牌、產品和服務的品質，樂高員工必須負起責任，做好管理。如果不那麼做，樂高的世界觀就會崩解。

然而，一口氣擴大的事業已經超過組織的可接受程度。

只靠員工做好所有事終究是不可能的，這樣的體制實在強人所難。

錯誤的改革順序

樂高靠著堅強的品牌力擴大授權事業，和電影或電視節目合作的跨媒體製作，以及主題樂園的海外拓點……普羅曼主張「脫離積木」的輝煌改革，乍看似乎是成功了，但業績並未持續回升，反而逐漸邁向失敗。

分析樂高的經營寫下《玩具盒裡的創新》（*Brick by Brick*，天下雜誌出版）的美國麻省理工學院史隆管理學院講師——大衛．羅伯森（David C. Robertson），接受筆者的採訪，對於這個時期普羅曼的經營做出這樣的評論：

「普羅曼推動的改革內容完全沒問題。問題出在決定的優先順序和時機，明明資源不足卻一次實行多項對策，這麼做實在太過勉強。」

其實，樂高後來起死回生，靠的是被指派為執行長的尤根·維格·納斯托普的手腕，而其採行的是和普羅曼同樣的多角化策略。普羅曼說服樂高幹部而開始的「樂高星際大戰」系列，至今仍是樂高的人氣商品，對收益有莫大貢獻。

「遺憾的是，普羅曼提出的多項對策對當時的樂高來說還太早。儘管必須那麼做，時機不對就不會有成果。可是，何時才是適當的時機，必須做了才知道，這就是經營管理的難處。」

羅伯森這麼說。

二〇〇四年一月，普羅曼卸下營運長一職，悄然離開了樂高。成功重建鉑傲的普羅曼無法在樂高創下相同佳績，靜靜地下台一鞠躬。

「樂高正在研討出售公司」

招聘普羅曼，委託他進行改革的克伊爾德．科克接受失敗的結果，不得不再次領導樂高。

可是，樂高已經無路可退。

事業的多角化經營導致債臺高築，周轉資金的金融業者頻繁進出樂高總部。二〇〇三年，當時在金融業和媒體界之間盛傳「樂高正在研討出售公司」。跳脫以往的積木框架、積極挑戰新事業的構想，曾經讓樂高內部恢復士氣。然而，當時的失敗造成公司激烈的動盪。

本章開頭提到的經營學家柯林斯在其著作《為什麼A⁺巨人也會倒下》（*How the Mighty Fall*，遠流出版）中，清楚說明企業邁向衰敗之路的過程：

第一階段是「成功之後的傲慢自滿」；第二階段是「不知節制，不斷追求更大、更快、更多」；第三階段是「輕忽風險，罔顧危險」；第四階段是「病急亂投醫」；最後的第五階段是「放棄掙扎，變得無足輕重或走向敗亡」。

靠積木玩具獲得成功，成為全球頂尖品牌的樂高，確實一直奔馳在成為全球企業的路上（「成功之後的傲慢自滿」與「不知節制，不斷追求更大、更快、更多」）。可是，不認同環境的變化，讓自己陷入危機（「輕忽風險，罔顧危險」）。然後，招聘普羅曼這樣的外部人才，企圖反敗為勝（「病急亂投醫」）。對照柯林斯的理論，此時的樂高為了東山再起，找來有望重建的領導人挑戰大改革，這已是衰敗的第四階段。

繼續下去的話，遲早會進入第五階段的「放棄掙扎，變得無足輕重或走向敗亡」。況且，對克伊爾德·科克來說，他已經無人可託付。自己找來的經營者留下重建失敗的結果，如今還有誰願意收拾殘局，協助樂高重生呢？

（是否大勢已去……？）

被逼入絕境的克伊爾德·科克，最後寄望的是一名進入樂高第三年的三十五歲青年。

第 4 章

改革來自限制

生死關頭的重建

照片：第三代接班人克伊爾德·科克·克里斯蒂安森（左）與拯救樂高擺脫困境的尤根·維格·納斯托普。

樂高第三代接班人克伊爾德．科克．克里斯蒂安森再次被逼入絕境。

進入二〇〇四年，他找來普羅曼擔任營運長負責重建的結果，顯然是幾近失敗收場。

從經營重建的常規來看，普羅曼提出的策略確實都很合理。

可是，對公司內部的打擊太過激烈。主張「脫離積木」的方針，讓員工陷入不必要的不安，也讓粉絲的心疏遠。

失去粉絲信賴的樂高，業績急轉直下。

二〇〇四年度財報已是連續兩年赤字，當期損失是一八億丹麥克朗（約一〇二億元），業績創下歷史新低。主題樂園「樂高樂園」和品牌的授權事業等，當初被視為重建支柱的多角化經營路線也陷入泥淖，有息負債是四七億丹麥克朗（約二六七億元），讓財務負擔更加吃重，自有資本比率更是下降至五．九％，處於危險水準。

「樂高過度偏離積木開發這項優勢，完全失去原本的魅力。」

這是樂高死忠粉絲的真心話。

已經無路可退的克伊爾德·科克，急欲找到可以取代普羅曼的經營者。然而，這是一件極為困難的事。

樂高的經營狀況比普羅曼接下重建任務時更為惡化，無論再從外部招聘或由內部選拔，究竟有誰願意接下這個燙手山芋？

幾經苦惱後，克伊爾德·科克決定邀請一位男性，他名叫尤根·維格·納斯托普（Jørgen Vig Knudstorp），進入樂高才第三年的前管理顧問。

擁有教師執照的前管理顧問

身高超過一八〇公分，落腮鬍和圓框眼鏡是他的正字標記。高大的身材雖然給人壓迫感，親切的笑容卻令周遭的人感到放鬆。

生長於丹麥西部的弗雷德里西亞（Fredericia），父親是工程師，母親是幼兒園教師。和多數孩子一樣，納斯托普的童年也是在樂高的陪伴下度過的。大學就讀丹麥名校奧胡斯大學（Aarhus Universitet），主修經營學和經濟學。在針對人口動態對經濟造成的影響進行研究之餘，持續關注兒童教育，大學畢業後取得教師執照。

之後，進入美國的麥肯錫管理顧問公司工作，學習戰略規劃的基礎。雖然職場生活充滿刺激，他終究無法融入必須廢寢忘食、拚命工作的環境。

納斯托普在二〇〇一年被獵人頭公司挖角去樂高，儘管樂高不是在前東家時的直接客戶，卻是他嚮往的公司。

進入樂高之後，他活用顧問的經驗，負責管理公司內各種專案，解決問題。品管出問題就制定管理時程表，生產系統無法充分發揮作用就找相關人員開會擬定對策。

多才多藝的納斯托普，人品也很優秀，很快就融入樂高的公司氛圍，解決公司內部各種問題，擴展人脈。

樂高的幹部很快就知道他的出色表現，進入公司第三年就被委任負責全公司的經營計畫。

再過幾年，樂高就會破產

即便如此，納斯托普也對樂高的危急情況感到焦慮。他會定期分析樂高的經營狀態，向克伊爾德．科克等幹部報告。

「什麼都不做的話，再過幾年，樂高就會面臨破產。」

光看數字就能知道樂高的危機，但多數幹部不願正視這個問題。因此，納斯托普會直接討論，逼著他們做出反應。他的積極態度獲得克伊爾德．科克的好評。

關於被克伊爾德．科克拔擢為執行長的理由，納斯托普這麼說：

「我想是寄予厚望的經營專家離開了，找不到其他適合的人。在剩下的人選之中，也許是認為負責公司戰略與財務的我適任吧。」

克伊爾德．科克從未在公開場合明確說出選擇納斯托普的理由。不過，事到如今，從外部尋找接手樂高重建的經營者已是不可能的事。

克伊爾德．科克從父親手上接棒成為執行長的年紀與納斯托普相近，最後他將賭注押在納斯托普的年輕與氣勢。

倘若這次重建再度失敗，樂高將無明天可言。這是孤注一擲的決定。

這麼年輕的人有辦法重建樂高嗎？

納斯托普獲得拔擢一事，在公司內外引起驚訝與懷疑。無論好壞，他的年紀備受關注。納斯托普當時三十五歲，進入樂高才三年。儘管曾經任職於全球知名的麥肯錫管理顧問公司，卻沒有經營公司的經驗，這樣的年輕人有辦法領導丹麥具代表性的世界級玩具製造商嗎？這對他來說，負擔是否過於沉重……。

樂高的老員工相繼吐露擔憂的心聲。

然而，眼前已經沒有其他選項。即使知道周圍的不安，克伊爾德．科克仍堅持自己的判斷。

當下，克伊爾德．科克表明會繼續擔任執行長，他任命納斯托普為營運長，負責經營的執行面。

於此同時，他也挖角丹麥最大銀行丹斯克銀行（Danske Bank）的財務長（CFO）傑斯珀．歐維森（Jesper Ovesen）加入，打算以三巨頭體制達成樂高重生的目標。

對納斯托普而言，克伊爾德・科克相當於經營上的陪練員，他們面對面討論各種創意或商議，傾聽反饋，做出決策。克伊爾德・科克會提出許多建議，而最後的判斷通常是交由納斯托普決定。

「就算是不符合克伊爾德・科克想法的事，我認為是應該進行的改革行動，他都會全力支持。」

納斯托普事後回想道。當然，那也是因為克伊爾德・科克已經沒有其他選項。

以活下去為優先

美國矽谷知名的創投公司安霍創投（Andreessen Horowitz）的共同創辦人本・霍羅維茲（Ben Horowitz）在其著作《什麼才是經營最難的事？》（*The Hard Thing about Hard Things*，天下文化出版）中，對於經營者的平時與戰時（緊急狀況）下的角色差異，做出以下的說明：

「商務上的『平時』，是指公司在核心事業相較於競爭對手保有十足的優勢，而且市場持續擴大的狀況。企業在平時只要傾力於擴大市場與自身優勢即可；另一方面，『戰時』是指面臨公司存亡危機的狀態。這種情況下造成威脅的有：競爭對手的出現、總體經濟環境的劇烈變化、市場變革、供應鏈的變化等各種原因。」

「平時的執行長了解並遵行『勝利的方程式』，而戰時的執行長必須打破那樣的成見才能獲勝；平時的執行長以寬闊的視野檢視大局，在實行的細節上將權限大幅移交給部下。而戰時的執行長凡是關乎根本的問題，絲毫不放過；平時的執行長具有能夠有效採用大量人才的招聘機制，戰時的執行長雖然也會做相同的事，但同時需要讓人事部門執行大規模的裁員。」

霍羅維茲主張平時與緊急狀況的角色差異是根據自身的體驗，不光是新創企業，所有企業皆是如此。因此，當時樂高的狀況無疑是「戰時」。納斯托普就任後，被要求的正是戰時的領導力。

回顧當時，納斯托普這樣說：

「我太太是外科醫生，借用她的說法——當時的樂高如同瀕死狀態，就像是被送到醫院急救，必須緊急開刀的患者。首先得止血，恢復穩定狀態才行。更重要的是，以活下去為優先。當時樂高因為巨額負債陷入一籌莫展的狀態，必須盡快消除不良債權。」

管理顧問擅長的重新定義企業理念或創造成長故事，在緊急狀態下全都派不上用場。為了讓樂高活下去，納斯托普果斷地實行必要的公司重組。

裁掉三分之一的員工

首先裁減一千二百名員工，這個人數相當於總數的三分之一。減少每個人的辦公空間，撤掉高階主管辦公室的豪華沙發等裝飾品。

「無法妥善維持事業的公司，不能帶給孩子夢想。」

對公司內部刻意說重話，扮演好戰時領導者的角色。

針對前營運長普羅曼時代拓展的事業，逐一撤除或是轉讓賺不到錢的項目。關閉樂高直營店，將電玩事業轉讓給合作的軟體公司，停止生產和既有產品沒有互換性的「傑克史東」等產品，這個時期，樂高產品的種類頓時少了三成。

同時關閉歐洲多間工廠，就連被克伊爾德・科克視為「禁區」，死守到最後的樂高樂園經營權也轉賣給美國的投資管理公司。

激烈重組的結果，就是在二〇〇三年為八七億丹麥克朗（約四六三億七一〇〇萬元，以一丹麥克朗等於新台幣五・三三元換算）的總資產，到了二〇〇五年減少至七〇億丹麥克朗（約三八二億九〇〇〇萬元，以一丹麥克朗等於新台幣五・四七元換算）。當中多數是虧損的事業。

事業變賣如火如荼進行的過程中，納斯托普與幹部之間做了一項協議——暫時擱置公司的成長。

即便經過大刀闊斧地裁撤重組，仍不能掉以輕心，倘若在這個嚴峻的局勢下，企業再度成長，可能會讓員工產生「危機解除」的錯覺。

「問題都還沒有解決，所以要盡力避免在公司內部營造樂觀的氛圍。」

納斯托普這麼說道。

明確訂出重建的期限

同時，訂出重組的期限。在經營危機下為了維持員工的幹勁，必須給予明確的期限，讓他們知道這樣的狀況必須忍耐到何時。

首先，眼下的三年要無視成長，重新檢視事業，專注於讓公司活下去這件事。一旦成功了，再以成長為目標，重建組織和商業模式。

「要想同時實現是非常困難的。」

納斯托普這樣告訴員工。最後，這場縮小過度擴張的戰線的「撤退戰」，耗時將近五年才完成。

「我每天早上都告訴太太，今天可能是樂高的最後一天。但到了傍晚，又會說總算撐過去了，就這樣日復一日，不知不覺過了好幾年。」

經過鍥而不捨地拚命努力，到了二〇〇五年，總算看到重組的成果。

樂高在二〇〇一年度財報中，高達七八億丹麥克朗（約三一四億三四〇〇萬元，以一丹麥克朗等於新台幣四．〇三元換算）的有息負債，到了二〇〇五年度財報減少至四一億丹麥克朗（約一二四億二七〇〇萬元，以一丹麥克朗等於新台幣五．

四七元換算），總算見到擺脫危機的一絲曙光。

納斯托普在緊急狀態下突破重圍的手腕獲得好評後，在處於重建紛亂的二〇〇四年正式就任樂高的執行長。

樂高積木是樂譜

處理危機的同時，納斯托普也擬定了協助樂高復活的戰略。

在受託擔下重建大任之後，他和克伊爾德．科克、財務長歐維森等幹部窩在總部一處房間內，不斷討論讓樂高再度成長的路線應該是什麼。

這場討論的本質，就是為了因捨棄積木而迷失的樂高，重新定義價值。

應該如何找回脫離積木後，變得岌岌可危的樂高價值？

納斯托普等幹部每天促膝長談，反覆議論。前營運長普羅曼採取的多角化經營方針並沒有錯，問題是太急著想要脫離積木，導致基礎事業比新事業更早衰弱。

樂高最基本的強項始終是積木，因此討論聚焦在如何重建原有優勢這一點。

納斯托普連日提出數個提案，並和克伊爾德．科克、歐維森進行討論，聽取反饋。他們就像拳擊選手和陪練員那樣，一來一往地持續溝通。

「大部分的新事業提案，都被建議重新考慮是否撤回。但過程中我們三人再次了解到，對樂高而言，積木的價值多麼重要，於是達成了共識。」

納斯托普事後回想道。

經過長達半年以上的討論，三人做出了結論。

那就是，把資源集中在樂高真正的價值，也就是回歸積木這條路。

樂高的價值正是「組合體驗（building experience）」，也就是帶給消費者玩積木的樂趣。雖然積木的品質也是值得引以為傲的資產，但組合積木的樂趣能夠讓孩子們感受到樂高的魅力。這才該是樂高的核心價值。

「樂高積木，簡而言之就是樂譜。」

提到樂高，納斯托普總是這樣說明。

會彈鋼琴的人能自己作曲，可是一開始還是必須使用範本的樂譜練習，學習演奏方法。

樂高積木也和鋼琴一樣，能夠自由演奏並樂在其中，但最初得看著各種曲目的樂譜演奏。樂高可以自由發揮想像力組合積木，也可以看著範本玩積木。能夠提供如此的雙重價值，正是樂高的獨特之處。

「樂高作為玩具製造商，首先應該專注於製作孩子們會想動手彈奏的樂譜。」備妥具有魅力的樂譜就能吸引更多孩子，這正是樂高原有的優勢，也是真正的價值所在。

納斯托普等人在得出這樣的結論後，開始進行找回樂高本質價值的改革。

專注於積木的開發與製造

這個判斷從納斯托普自身的經驗來看，的確也是如此。自己的小孩也在玩已經傳承好幾代的樂高，再把自己向父母學來的玩法教給孩子，世世代代延續下去。

也就是說，有多少親子就有多少種玩法。只要能夠製造親子一起玩樂高的契機，就能無限擴大樂高玩法的可能性。

然後，依循這個脈絡，也能巧妙連結且有效活用普羅曼時期的部分「遺產」。例如「樂高星際大戰」系列。和父母那一代也很有名的電影合作，是親子一起玩樂高的大好機會。除了孩子，父母也能在《星際大戰》宏偉的故事中盡情幻想，組合積木樂在其中。

同理可證，只要結合有故事性的作品推出樂高遊戲主題，不光是孩子，更能跨世代帶給許多粉絲各種夢想。

另一方面，納斯托普也認為應該要從普羅曼時期的失敗記取教訓。那就是，不能搞錯自己應該決勝負的領域，即是樂高不能脫離積木的開發與製造。

失去根本價值，樂高的存在意義便會煙消雲散。

與電視節目、電影合作，或是電玩遊戲等事業，是以各種形式向孩子們展現故事的有力手段。然而，樂高要堅守的是積木的開發製造與銷售，因為那才是樂高最擅長的優勢。雖然要製作「樂譜」，但充其量只是為了達成讓消費者購買積木的最終目標。

「樂高的生意不能脫離樂高積木的開發與製造。」

當時納斯托普明確訂出要做的事與不做的事，以作為樂高經營的大原則。一切定案後，如何傳達給員工也是一大課題。如果只是淪為口號，到頭來員工的意識也不會改變。必須用具體的範本讓員工知道，公司希望他們怎麼做。

所幸，正好有適合的產品可當作範本。那就是二〇〇一年推出的「樂高生化戰士（LEGO Bionicle）」系列。

孩子們被故事吸引

生化戰士是以虛構的孤島馬它呂島（Mata Nui）為舞台，講述六名主角（六英雄）對抗統治馬它呂島的邪惡敵人的故事。

六名主角各自具備象徵大自然力量的「自然力」，背負使命，要找出增強力量的面具。儘管給人陰沉可怕的印象，灰暗氣氛的故事反倒擄獲孩子們的心。

這款樂高積木採用齒輪和球體關節等新穎的構造，目標是要開拓當時美國市場上主流的可動人偶領域。

有魅力的故事成為原動力，而樂高挑戰能夠組裝替換的可動人偶，也獲得孩子們的強力支持。

「樂高生化戰士」的特色不只是產品開發，行銷上也採用了在網路遊戲或漫畫、小說等多元媒體發展原創故事的策略。這是樂高從未有過的曝光手法，也大大地引起孩子們的興趣。

在各種新嘗試奏效之下，「樂高生化戰士」創下了熱賣紀錄。當時扣除《星際大戰》、《哈利波特》等授權產品，在樂高原創產品中創下史上最高營收，日後也成為持續十年以上的長銷產品。

經營困境中出現的一絲曙光，讓經營高層也為之振奮。納斯托普將這個當作一種成功模式，發展之後的產品。

即使開發期短，也能做出優秀產品

「樂高生化戰士」有幾個對當時樂高的開發體制造成影響的關鍵。

第一點，是吸引孩子的故事。神祕的生化戰士故事有別於以往重視和平世界觀的樂高路線，其獨特的世界令孩子們深深著迷。為了維持品牌形象，統一世界觀固然重要，但故事缺乏魅力就無法成為暢銷商品。生化戰士讓他們重新確認主題的重要性。

第二點，是產品開發的進行方式。「樂高生化戰士」的產品評價是由孩子們主導，而非公司內部的設計師。過去雖然也會聽取孩子們的意見，但設計師的意見與取捨大大地影響了最終的判斷。

然而，生化戰士的取捨比例恰好相反。不再只由公司內部決定產品概念，盡可能連細節都讓孩子們判斷好壞，應該重視實際使用產品的孩子們的聲音。結果產品大賣，讓他們重新體認聽取孩子們意見的重要性。

第三點，是將產品的開發期縮短。當時樂高產品的平均開發期是兩年，多數員工深信花時間就能製作出優秀產品。

不過，「樂高生化戰士」因為導入以小說或漫畫為媒介發展故事情節的嶄新對策，必須以每半年一次的頻率開發新作。為了盡可能縮短開發期、提高效率，從產品的企劃階段開始，不只是設計師，行銷和生產現場的負責人都要參與會議，自然形成跨部門的開發體制。

「即使開發期短，只要體制完善就能做出優秀產品。分析生化戰士的成功，讓我們逐漸看到樂高在開發上的不足之處。」

納斯托普事後回想道。

建立持續推出熱賣商品的結構

獲得啟發的經營高層著手制定新的產品開發流程，目的是不讓樂高生化戰士的成功就此畫下句點，建立出一個能夠持續開發暢銷產品的結構。

經過不斷摸索，歸納出一張在企劃、開發階段，應該進行檢討的流程總覽圖。

樂高首先拆解了產品開發過程，並進行分析。

■ 持續做出暢銷產品的結構

以《樂高玩電影》為例

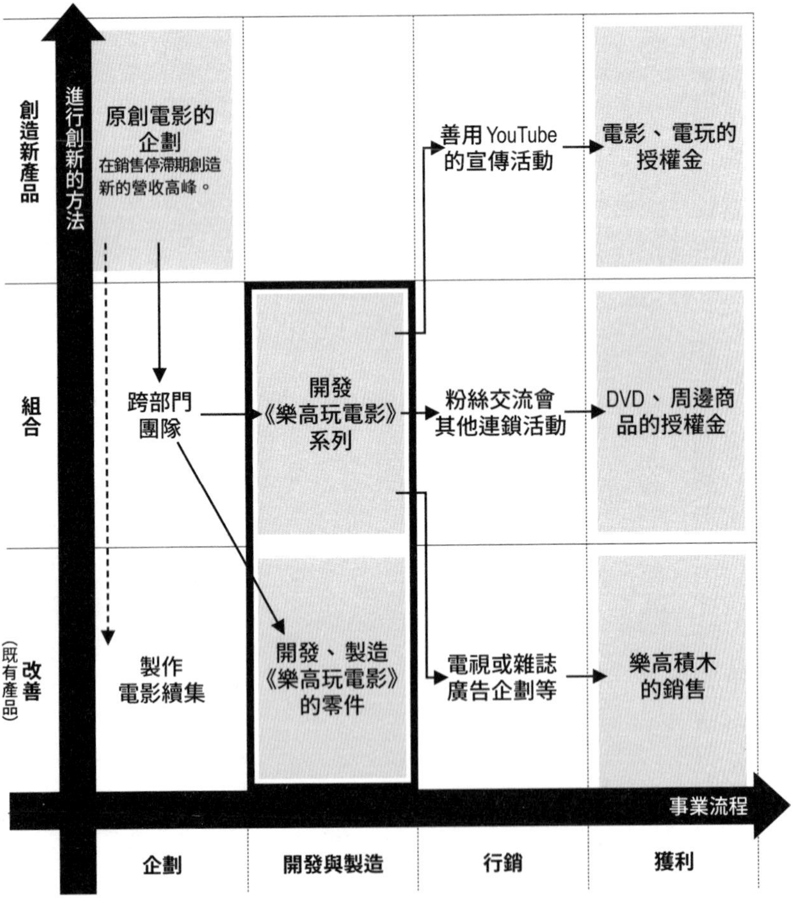

注：筆者根據採訪內容，簡化樂高的產品開發流程「創新矩陣」後，製成此圖。

具體來說分為四個步驟：「企劃」、「開發與製造」、「行銷」、「獲利」。而在四個步驟的其中之一個程序進行創新，就能催生出熱賣商品。其創新的方法分為三階段：「改善（既有產品）」、「組合」、「創造新產品」。

產品推出的四個步驟×發起創新的三階段，構成右頁的產品開發流程圖。在樂高公司內部，稱這張網羅商品開發過程所有相關要素的圖為「創新矩陣（Innovation Matrix）」。

新商品的開發負責人會先在矩陣上，詳細寫下要在事業的哪個階段發起怎樣的創新。

革新的重點在哪裡？要在哪個步驟進行？將這些內容詳細記錄下來，就能客觀地理解產品的主打特性。

矩陣的重點不只在於積木的開發，從企劃到銷售的一切活動皆屬創新的要素。

雖然樂高的方針是專注於積木的開發與製造，但創新的範圍不只那兩點。利用創新矩陣就能俯瞰且掌握產品從開發至銷售的所有創新要素。

《樂高玩電影》的內隱目標

接下來，以二〇一四年推出的《樂高玩電影》為例進行說明。這個系列最大的創新不是樂高產品，而是原創電影的上映時期。

往年，玩具業界的旺季是聖誕季的十一月至十二月。而樂高也不例外，在這個時期的營收成長最高。

另一方面，新年過後的二月因為聖誕商戰的反作用，是一年之中銷售停滯的時期。要如何導正這之間的落差，對玩具製造商來說是一項經營課題。

於是，樂高在這個時期上映電影，創造出新的營收高峰。

由於產品開發的成功，樂高成立了自生化戰士之後培育而成的跨部門專案。從公司內部選拔積木企劃與電影製作的合作團隊，組成專案小組。

電影方面則和製作公司溝通協商，開發能在電影上映期間陳列於店面的樂高專屬商品。除了企劃相關的行銷活動，也推行周邊商品的銷售。

二月上映的電影相當賣座，二〇一四年的創下全球票房前十名的佳績。因為電影的熱賣，在聖誕商戰後的銷售停滯期成功創造出新的營收高峰。之後也推出電影

《樂高蝙蝠俠》、《樂高炫風忍者》，沿用這套成功模式。

樂高至今仍採行搭配電影的銷售創新對策，二〇二〇年對外發表與環球影業簽訂電影製作的獨家合約，也持續進行新系列的製作。

「樂高超級瑪利歐」暢銷的理由

二〇二〇年暢銷的「樂高超級瑪利歐」也是依照創新矩陣進行開發，這個案例的創新之處，是和合作夥伴的合作形式。

對樂高而言，與其他公司的合作，以往的模式是只要忠實重現其世界觀就能達成暢銷，「樂高星際大戰」是如此，「樂高哈利波特」亦然。基本上都是仔細截取電影中出現的各種場景，再以積木如實重現，讓粉絲沉浸在作品的世界中。

若依這個模式思考，超級瑪利歐應該也是製作樂高人偶（Minifigure），並重現各種路線關卡的形式最理想。不過，那麼做太普通了，毫無創新元素。兩家公司的開發團隊都認為，這麼一來樂高和任天堂的合作就失去了意義。

2020 年推出的「樂高超級瑪利歐」，孩子們可以自由打造豐富的「超級瑪利歐世界」。

「難得有機會合作，不能開發專屬於瑪利歐的玩法嗎？」

經過再三討論後，得出的產品概念是讓孩子們創造自己的瑪利歐世界。

「樂高會重現瑪利歐的各種世界，但那只是參考範例。我們將產品設計成可以讓孩子們自由安排從起點到終點的障礙。」

樂高的設計負責人強納森．班寧克(Jonathan Bennink) 這麼說道。

孩子們想像出自己獨創的世界，再隨喜好用樂高積木構思路線。為了讓孩子們想像的世界充滿臨場感，樂高加入了許多講究的細節。

例如，使用LCD螢幕呈現瑪利歐各種豐富的表情；置入陀螺儀，偵測跳躍的動作，發出有趣的音效；瑪利歐腳下的顏色感應器能讀取辨識收集金幣，或做出打倒敵人的動作。

「孩子們沉浸在瑪利歐的世界裡，自己動手組合積木、設計路線，成為將數位遊戲融入樂高世界觀的有趣產品。」

班寧克這麼說。

可隨喜好自由打造世界這點抓住孩子們的心，於是「樂高超級瑪利歐」成為與其他公司品牌合作的作品中，創下史上最大規模的暢銷成績。

微小的改善也是創新

樂高為了發起創新而構築的創新矩陣，對樂高而言具有三種意義。

第一，應該發起創新的對象不只積木的開發與製造，而是要擴及所有的事業環節。就像《樂高玩電影》的創新在於電影製作與上映時期的巧妙安排，除了積木的開發與製造，創新也展現在其他面向。

一般來說，汽車或家電等製造業說到創新，總是只聚焦在開發產品的創新性。樂高擴大觀點，從企劃到團隊建立、銷售方法、獲利模式等，在事業的所有階段尋找創新的可能性。

第二，創新未必是巨大的變化。聽到創新二字，總會聯想到戲劇性的轉變，但現實中的企業經營很少會有那樣的變化。

相對地，平時不斷進行微小的改進。納斯托普透過創新矩陣讓員工知道，微小的改善也能成為了不起的創新。

第三，將推出暢銷產品的竅門視覺化與保存。

「城市」、「好朋友」、「炫風忍者」等樂高的主力系列產品，都是依照創新矩陣開發而成。累積各項產品的創新矩陣，如此一來在完成開發後仍可當作珍貴的資料活用。

「對照過去產品暢銷的例子或失敗模式，就能輕鬆擬定推行新產品的戰術。」了解當時情況的樂高設計師這樣說。

累積過去的知識經驗

一九九〇年代的樂高，過於躁進地將事業多角化經營，而創新矩陣就是基於這樣的經驗反省設計而成。將投入的資源集中在積木開發上，並透過這樣的結構，讓所有關係人士每次都能確認做了怎樣的改良。

每項產品在哪個階段被賦予哪種新價值，創新矩陣將此視覺化，成為公司內共通的總覽圖。俯瞰企劃、開發製造、行銷、獲利等環節，從不同的角度看到一項產品推出的過程，讓製作者能夠客觀評價以何為賣點。

於是，原本僅限於個人或團隊、部門的知識，變成全公司共享。

「要持續製作出最佳產品，重要的是累積過往地知識經驗，再連結到新事物。創新矩陣成為樂高累積資產，有助於新產品的開發。」

納斯托普對此充滿自信。

果不其然，樂高的經營效率大幅改善。

總覽推出暢銷產品的創新要素，將事業重心集中在積木的開發與製造。

每年持續投入變化積木組合，依照創新矩陣開發的新產品，不斷地催生熱賣款，形成了效率絕佳的開發體制。

這個成果也反應在數字上。存貨周轉率是衡量商品銷售效率的指標，樂高的存貨周轉率從二〇〇三年度的八・一次，到二〇一一年度提升至一三・九次，產品有效地帶動業績成長。

設計師的意識改革

導入創新矩陣，也許另一個重大課題有關，那就是設計師的意識改革。

如前述所述，樂高的商品力來自負責產品企劃的設計師。因此，公司內部對於優秀設計師的產品開發，事實上沒有任何規則上的限制。

對成本預算也沒有限制，設計師可以隨心所欲地自由開發產品。由此可知，樂高的設計師過去累積了多少的實績與信賴。

可是，自從樂高陷入經營危機後，狀況出現了大轉變。

則。

納斯托普以一連串的改革為開端，首次對設計師提出了要求，並訂定出一套規例如，以往的產品開發，設計師可以不計成本，自由使用想用的顏色或零件。當時和樂高往來的廠商超過一千家，設計師各有屬意的樹脂或顏料廠商，向不同業者購入同款樹脂的情況屢見不鮮。

「這麼做很浪費，卻沒人掌握到實際情況。」

於二〇一二年至二〇一七年間擔任樂高財務長的約翰．古德溫（John Goodwin）這樣說。

納斯托普廢除以往的做法，若是真的有需要的零件，公司內部會針對設計師的提案各自投票，只採用被認定為有必要的零件。

同時，也重新檢視了產品開發的體制。

以往產品開發時，設計師經常強勢掌握主導權，自從變成跨部門專案後，就改變了那種情況。設計師和來自行銷或生產部門的負責人一樣，被視作團隊成員之一，被要求從開發到完成階段都要徹底共享資訊。

「設計師不能窩在辦公室裡，要積極與外界接觸。」

納斯托普下達了這樣的指示。

甚至導入了新機制，讓設計師開始有成本意識。

進行產品開發時，開發負責人必須設法讓產品的營業利益率高於一三．五％。若低於這個數字，董事會議就會撤回這個開發案。

如此一來，設計師也不得不考慮成本，開發團隊必須透過減少產品使用的樂高零件（元件）數量等方式，努力降低成本。

另外，也訂出明確的開發期限。從以往平均二～三年，縮短為一年左右，並且要求提出能夠獲利的數字目標。

只要能做出厲害的產品，沒有人會抱怨。

過去的樂高，由於設計師的創造力受到好評，具有強大的影響力。然而，在危機狀況下，不再允許不計盈虧的做法。

納斯托普將成本意識灌注到以往被視為不能干涉的設計師身上，建立體制管理成果，以科學方式評價工作表現，推動產品製造的「現代化」。

設計師再也不能像過去那樣，隨心所欲地做設計。

限制下產生的創意

想當然耳，一連串的改革逼得受到限制的設計師們發出強烈反彈：

「樂高產品的品質會下降。」

這樣的抱怨大量湧現。但，納斯托普刻意這麼回答：

「在資源有限的非常時期，才會激發創意。有限制才會有創新。」

納斯托普一再重複這件事，促使設計師改變心態。

當然，認同的設計師少之又少。

了解當時情況的設計師這麼說：

「不滿的聲音高漲，大家變得沒幹勁，因為挑戰新的做法很麻煩。」

即便如此，納斯托普依然不為所動。起初，設計師們勉為其難地遵從公司的方針，直到那樣的結構催生出暢銷產品，讓公司開始改變後，那些不滿的聲音才逐漸消失。

納斯托普接連成立促使設計師改變做法的組織。

設立觀察兒童行為的組織「全球洞察（Global Insight）」，讓設計師重新認識自己的顧客究竟是誰。

具體來說，就是大幅改變在產品開發時聽取孩子意見的做法。簡而言之，就是從調查轉換為觀察。

「孩子們一整天過著怎樣的生活，吃了什麼、做了哪些事。密切觀察他們的日常生活，從中獲得深入的理解。」

參與組織創設的索倫．倫德（Søren Lund）如此說明。

他們的想法是不要擅自預測孩子們對什麼有興趣，先謙虛地進行觀察。而參與調查的成員背景具有以往未曾見過的經歷，像是文化人類學者等。

不久後，不光是比倫總部周邊，每天都有來自丹麥各地或德國的孩子們造訪樂高辦公室。孩子們與設計師交流對話的景象成為樂高總部的日常。

「過去設計師也會聽取孩子們的意見，但是他們沒有跳脫自以為什麼都知道的框架。」

倫德事後回想這麼說。

進行觀察，找出課題，製作解決課題的樂高產品原型讓孩子們試玩。這樣的過程如今已是理所當然的事，探尋孩子想要之物的方法顯著地進化，成為催生出暢銷產品的動力。

著手進行供應鏈的革新

改善產品開發機制的同時，樂高也著手解決另一個重大課題——革新老化的供應鏈。

即使開發出優秀的產品，無法將之及時送到孩子們手中，就是經營缺失。然而，樂高的供應鏈已經相當老舊，配送體制瀕臨崩壞，物流基礎設施的更新更是首要面對的課題。

於是，樂高找上了瑞士洛桑市（Lausanne）國際管理學院（IMD）的專家。二〇〇五年，一位樂高幹部拜訪這位專門研究供應鏈的教授卡洛斯・科登（Carlos Cordón）。那位幹部名叫巴利・帕達（Bali Padda），他在日後成為樂高的執行長。

帕達此行是為樂高的供應鏈尋求徹底的重整建議。

寒暄幾句後，他開門見山說明來意。

「我們想建立像（服裝品牌）ZARA的印地紡集團（Inditex）那樣快速的供應鏈。」

店面的暢銷商品資訊能夠即時傳達至生產工廠，並配合需求調整產量，物流網整合這些資訊，以最適合的方式運送商品。

然而，理想總是與現實相反。當時，帕達為了重建樂高的供應鏈煞費苦心。

樂高供應鏈最大的課題是產品供給的產能不足。在高峰時期的十二月聖誕商戰期間，樂高的供給量往往跟不上需求。這個時期一旦物流停滯或生產延遲就無法創造更多業績。

可是，樂高自創業以來從未想過大規模地重整供應鏈，只有透過不斷擴張、東拼西湊而成的供給網。

帕達坦言：「根本的結構已超過三十年都不曾改變。」

由於創業當時，樂高的交易對象多為零售玩具店，因此長久以來都是以小型商店為對象擴大供應鏈。具體來說，是在歐洲設置多個配送中心，再零散地配送商品。

但這樣的結構下，不僅一次能夠配送的數量有限，當供貨量不足時，從別的地方調度商品也相當耗時，因此經常延誤配送，效率不佳。

積木工廠的生產體制也有很大的改善空間。

例如樂高總部所在地比倫的科恩馬肯工廠，積木的射出成形機沒有受到統一管理，工人是以手動方式調整積木的製造。訂單也沒有集中管理，無法預測市場需求。

對此，帕達這樣說：

「問題太過複雜，沒人知道該從何做起。」

捨棄東拼西湊的系統

無視於樂高過時的供應鏈，零售業界發生了劇變。一九八〇年代，美國出現沃爾瑪（Walmart）等大型量販店取代小型玩具店的現象，其業績占比逐年提升。再加上玩具反斗城等大型玩具專賣店也持續增加。到頭來，業績占比大大地逆轉，樂高的收益之中，有三分之二來自大型量販店或大型玩具專賣店，這些店鋪獨佔了銷售前兩百名。

即便如此，進入一九九〇年代後，樂高依然使用和既有的上千家零售店交易的舊系統。

在產能與技術面上，若不盡早切換供應鏈，好不容易恢復的營收水準又會退回原點。

帕達得到國際管理學院科登等教授們的建議，逐一解決問題。

最優先處理的是速度。

「只要是優秀的合作夥伴，積極委外也沒關係。不管用什麼方法，總之就是要找出能夠最快重建供應鏈的方法。」

帕達這麼回想。

首先，鎖定合作夥伴人選。樂高與全球最大運輸公司——德商DHL簽約，整合歐洲十處以上的配送據點。重整物流網，蛻變為有效運送產品的體制。

也重新檢視積木的生產據點，將大型工廠設置在人事費低廉的匈牙利，善用其規模的優勢降低成本，對應德國等歐洲的重點市場。

生產體制也結合數位技術，產出的積木依種類給予識別碼（ID），建立可以進行資訊管理的系統。以積木為單位進行管理，產品的庫存狀況便清楚可見，能夠準確預測需求。

於是，零件調度變得靈活，能夠應付需求的急遽變化。費時三年改革供應鏈，總算有了成果，讓樂高加速成長。

終於著手重新定義企業理念

經過產品開發與製造、供應鏈這兩大支柱的補救策略後，樂高這個企業整體的齒輪總算動了起來。

其結果顯現在二〇〇六年的年度結算。營收是七七億九八〇〇萬丹麥克朗（約四三一億二二九四萬元，以一丹麥克朗等於新台幣五．五三元換算），營業利益是一四億五〇〇萬丹麥克朗（約七七億六九六五萬元）。營業利益相較前期，大幅增加了約三．三倍，改革的效果確實地反應在業績上。

自這個時期起，納斯托普的角色從「緊急狀態的執行長」慢慢改變為「平時的執行長」。

到了二〇〇六年，公司內部開始談論企業理念的重要性。

納斯托普這樣說：

「在組織生死未卜的狀態下，企業理念毫無價值。不過，動了緊急手術可以呼吸之後，必須讓員工知道今後的目標方向。因為當員工心有餘力時，就會開始思考自己為何要在這家公司工作。」

樂高今後的成長動力是什麼？也就是說要朝著這個目標來重新定義企業理念。其實這並非什麼嶄新的任務。

因為樂高自創業以來承襲了完美的理念，納斯托普決定活用那項資產。

其一，是透過積木培養孩子的創造力。有這麼一句話決定了這個使命：

「啟發並培養未來的創造者（Inspire and develop the builders of tomorrow）。」

其二，是隨時追求最高品質的態度。為了將這個理念深植於公司上下，納斯托普將創辦人奧爾·科克·克里斯蒂安森常說的一句話定為座右銘。

「只有最好才是夠好（Only the best is good enough）。」

培養明日的創造者，隨時提供最高品質的產品。

專注於積木的製造，改變設計師的意識，建立持續推出熱賣商品的結構，再加上重新定義創業時的理念，樂高內部恢復了以往的活力。

不過，納斯托普並未感到滿足。為了今後能夠持續做出符合粉絲期待的產品，必須以更寬廣的視野追求創新，光是讓內部設計師開發新產品還不夠。

放眼世界，樂高擁有無數的狂熱粉絲。他們豐富的知識和經驗，對樂高而言應該是能夠賦予新價值的珍貴財產。恰好那時，藉由網路的普及，那些粉絲聚集的社群開始在網路上誕生。

納斯托普開始摸索要如何活用粉絲的智慧，為樂高賦予新價值。這個前所未有的獨特開發方法稱為「用戶創新」，成為樂高復活的助力。

Interview

為了防備變化，檢討存在意義

樂高品牌集團執行董事長

尤根・維格・納斯托普

Jørgen Vig Knudstorp

1968 年 11 月生，畢業於丹麥奧胡斯大學，擁有英國克蘭菲爾德大學經營學碩士學位，以及美國麻省理工學院博士學位。2001 年進入樂高之前，任職於美國麥肯錫管理顧問公司。2004 年，年僅 35 歲便就任樂高執行長，2017 年 1 月起成為樂高品牌集團執行董事長。

——您成功挽救了樂高跌入谷底的業績。

「我每天都抱持著想為孩子們的人生帶來正面影響的想法在經營樂高。業績是其中的評價標準之一，當然得有好的表現。獲利和現金流如同氧氣，為了活下去，至少要有足夠的氧氣，但經營事業不能只追求那個。」

——最近帶動樂高營收的主力產品是「遊戲主題」類型。不單靠樂高積木，而是以不同主題的世界觀為訴求，吸引消費者成為樂高的粉絲。這也可說是實踐了故事行銷，而非主打功能性的方式。

「沒錯，帶動樂高業績的確實是以遊戲主題為代表的主力產品。自一九八〇年代起，樂高的基本專利在各國陸續過期，現在任何人都能製造和樂高相同的積木。當然我們對於積木的品質仍有所堅持，但積木的外觀和其他競爭對手並沒有太大差別。」

——這麼說來，積木已經成為大宗商品化的產品對吧。

「是啊。所以，怎麼做才能讓消費者從眾多的積木產品之中選擇樂高呢？一九九〇年代到二〇〇〇年代，我們拚命思考這個問題。答案之一就是推行遊戲主題。」

「我經常用鋼琴與樂譜的關係來做比喻。鋼琴可以直接彈奏，就算沒有樂譜也沒關係。可是，有了樂譜就可以享受不同的彈奏樂趣。去認識各種自己不知道的世界，就能沉浸在那樣的世界觀之中。享受鋼琴彈奏樂趣的方式就變得寬廣了。」

「樂高積木也是基於相同的想法。的確，玩積木已經是很有趣的事，但我們準備各種『樂譜』，開拓孩子們玩樂的方式。就像使用樂譜練習就能創作自己的曲子，樂高積木也是透過遊戲主題學會基本玩法後，就能自由打造自己的世界。」

——您在二〇〇四年就任執行長時，樂高已經瀕臨破產危機。

「當時，樂高遭逢兩大變化。第一個變化是樂高的基本專利過期，其他競爭對手相繼推出比樂高便宜的積木；第二個變化是以家用遊戲機為首的數位娛樂問世。」

「以往的樂高，特別是在以男孩為對象的玩具之中，擁有壓倒性的存在感。加上本身的品牌力，以及作為益智玩具的特質，受到廣大家長的信賴。沒想到，同時出現了多個威脅樂高地位的環境變化關鍵。」

——這就是原為美國哈佛大學教授的克雷頓・克里斯汀生，所提出的「破壞性創新」對吧。

「現在冷靜回想，確實如此。當時無法及時應對急遽的環境變化。在那之前的幾十年，樂高一直是孩子們心中的經典玩具，竟然會因為競爭對手和電視遊樂器的出現被逼入瀕臨破產的危急關頭，這幾乎是所有員工想像不到的事。然而，從一九九〇年代後期開始，樂高的營收和市占率迅速下降。」

——樂高如何改變那樣的狀況呢？

「一九九七年，當時的執行長克伊爾德・科克・克里斯蒂安森為了改變這個狀況，從外部招聘經營專家。那位經營者曾經扭轉丹麥高級音響廠商的頹勢，因此由他擔任重建樂高的領導人。」

「他為了突破樂高困境所採取的對策，簡而言之就是多角化經營。一九九〇年代後期，樂高投入無數新事業，像是開發電玩遊戲、製作電視節目、主題樂園的拓點、直營店的展店等。以期透過新事業，彌補營收支柱積木所減少的收益。」

「這一連串的改革確實獲得一定的成果。例如，與電影《星際大戰》的合作是在這個時期誕生的，至今仍是樂高的主力產品。然而，大部分的新事業並未產生預期成果，依然赤字連連。現在回過頭來看，或許是想也知道的事。畢竟樂高過去只涉及積木的開發，突然著手發展電玩遊戲或主題樂園，怎麼可能會成功。」

——新事業失敗的影響下，二〇〇四年樂高的當期損失高達約一八億丹麥克朗，虧損創下歷史新高。而您正好在樂高跌入谷底之際就任執行長。

「其實，我隱約知道問題的所在，我認為組織就是最大的問題。業績明明很差，大家卻滿足於現況，這實在很不對勁。我還記得當時一起負責重建的財務長說過這樣的話。」

「這是我有生以來第一次看到那麼慘的業績。簡直慘到谷底，根本沒賺錢，也無法預測營收。可是，每個人都很滿意現況，真是令人感到匪夷所思。」

「由於過度相信過去的品牌力、對孩子們的影響力，導致對環境變化的敏銳度變得遲鈍。這正是無法迅速應對危機的根本理由。加上急速推行多角化經營的結果，大家變得不知道樂高的優勢是什麼，應該以什麼為目標。」

「我該做的就是重新探討，樂高是為何存在的公司，應該要做什麼，再來決定前進的方向，並帶領員工朝著那個方向前進。我相信只要順利進行，樂高就能找回過去的榮景。」

「不過在那之前，必須度過眼前的經營危機。我將重建分階段進行，首先為了存活下去，徹底進行裁撤重組。裁員、退出電玩遊戲和製作電視節目等不熟悉的事業，就連創始家族打造的主題樂園也出售經營權。」

「我找了一間會議室當成作戰室，嚴格檢視所有改革的進度。事事謹慎留意，就連幹部的公務車也不使用高級車。總之，就是不斷做出『不做什麼』，而非要做什麼的決定。」

「樂高已經不是我們印象中那麼出色的品牌。持續製造賣不掉的產品，對孩子的成長真的有幫助嗎？我在公司內部這麼說，試圖振作員工的士氣。其實我也覺得那麼做很痛苦，但我視其為對員工的鞭策，努力堅持下去。這時候要注意的是，為了讓員工能夠活下去，我刻意不提成長策略。因為在艱苦的時期一旦營收稍有成長，員工就會感到安心，對改革鬆懈下來。」

——裁撤重組的確是很辛苦的事，要將經歷改革失敗的組織導回成長之路，真的很不容易。

「首要之務是中止多角化經營，鎖定事業的經營目標。不過，當時尚未有明確的答案。產品開發、行銷或是新事業……不知道應該聚焦在哪裡。」

「換作是現在的話，因為樂高是長年持續開發、製造積木的公司，所以有自信說那就是樂高的優勢。但在陷入困境的狀況下，很難輕易找到答案。那段時期真的很辛苦。我和經營方面的前輩、朋友等各方人士交流意見。」

「然後，我找到了一個方向，那就是回歸創辦人的理念。創辦人奧爾．科克．克里斯蒂安森是一名木匠，他的理念是提供和大人同樣的高品質產品給孩子，並憑著這個理念長年開發玩具。不只從最初的木製玩具創造出樂高積木，也達到組合機制的創新。回顧那段歷史，我確信樂高只能走積木的開發與製造這條路。」

「重要的是，將創辦人的理念再次深植於組織之中。樂高這家公司的存在意義是什麼？創辦人曾說『要給孩子最好的』，這句話清楚表達了一切。於是，我知道自己要做的就是把創辦人的這句話重新定義為符合現今時代的內容。」

「首先，我向員工調查樂高的優勢、以往提倡的理念是什麼。幹部之間不斷討論，召開工作坊並邀請員工參與，反覆確認公司該以什麼樣的理念為目標。」

「然後，我重新注意到這句話：『只有最好才是夠好（Only the best is good enough）。』正確來說，這是公司內部公開的座右銘——持續改善，隨時以最好為目標。由此可知，創業當時說過的話、做過的事，本質上沒有改變。然而，對我來說，找到這個座右銘的過程很重要。這或許是組織的宿命，創辦人提出的偉大理念會隨著時間日漸模糊。」

「因此我認為重要的是，重新定義理念的過程。在某種意義上，理念也必須進行維護的。」

——您認為十年後孩子的娛樂會變得怎樣呢？

「就像電視遊樂器或智慧型手機那樣，孩子的娛樂會隨著新技術而改變，但我認為本質的部分不會有太大變化。勸善懲惡、與敵人競爭之類的故事，從古至今都令孩子著迷。而且，收集東西這樣的行為是引起孩子們興趣的重要因素。儘管賦予價值的方式會因為科技的進步不斷改變，吸引孩子的本質不會變。我們把它稱為基礎模式，這是開發新產品的重要關鍵。」

「沒人能夠準確預測將來。我們就像停留在一九九〇年代那樣，無法透過破壞性創新，預測產業環境何時會發生變化。就我個人的經驗而言，為了防備那樣的變化，比起預測，重新檢討自己的存在意義才是必要之事。然後以此為出發點，建立應對變化的策略，這才是避開『創新的兩難』的唯一方法不是嗎？」

第 5 章

暢銷題材粉絲最知道

與日本創業家聯手創造的「樂高 Ideas」

照片：由日本人提案誕生的「樂高深海 6500」，
在樂高迷之間有「傳奇樂高」之稱。

總部設於日本神奈川縣橫須賀市的國立研究開發法人海洋研究開發機構（JAMSTEC），擁有如國際地球觀測等，世界屈指可數的調查能力，這個智庫有一件令海洋迷為之著迷的作品——海底潛水艇「深海６５００」。

一九八九年，為了調查棲息在深海的生物而開發了這艘載人潛艇，其抗壓性能可下潛到世界紀錄最深的六五〇〇公尺。有別於堅固的規格，可愛的外型吸引許多粉絲，開發至今過了三十多年，依然人氣不減。

深海６５００自初代機之後持續改良，現在仍是活躍於世界海洋的海洋調查船，至二〇一七年總計已達成一千五百次的潛航任務。

其實這艘調查船，和幫助樂高重新復活的新服務有著深切的關係。

樂高與海洋開發研究機構？

讓乍看毫不相關的兩者產生關連性的，是一名住在橫濱市的男性。

想要表現海洋的美好

「你的創意可能變成樂高的作品。」

事發於二〇〇八年底，自由接案的設計師永橋涉在網路上偶然發現一個很有意思的網站。

樂高透過這個名為「LEGO CUUSOO（樂高空想）」的網站，向社會大眾廣徵能夠產品化的創意點子。

而引起永橋興趣的是網站營運者，並非一般的樂高迷，正是玩具製造商樂高。只要提出的點子獲得一定數量的支持，樂高就會正式評估產品化。

「這好像很有趣！」

邊瀏覽網站，永橋的興致愈來愈高，決定將醞釀已久的點子提案出去。他的創意點子就是將深海６５００產品化。

永橋既非死忠的樂高迷，也不是海洋研究專家。不過，有件事令他苦思已久。

（怎麼做能夠讓孩子們對海洋世界產生興趣？）

當時永橋四十三歲，有兩個就讀小學的孩子。

某天，他們在偶然的機會下參觀了海洋研究開發機構，孩子們對海洋世界產生了興趣。見到孩子的轉變，他很想策劃出能夠激發孩子求知慾的活動。

一直以來，孩子們的生活和海洋研究沾不上邊。然而，結束參觀活動回到家後，他們入迷地翻閱著海洋生物或研究船的圖鑑。

「也就是說其他孩子只要有機會，或許也會像我的孩子一樣對海洋研究產生興趣吧。」

他聽說最近的孩子對科學失去興趣，將來想成為研究者的人愈來愈少，因而開始思考有什麼方法可以創造機會給孩子們。

正當他左思右想之際，發現了「樂高 CUUSOO」的存在。

如果能用樂高積木製作深海 6500，孩子們一定會玩得很開心。那或許就是讓他們了解海洋有多美好的機會。於是，永橋立刻著手製作試作品。

透過「樂高 CUUSOO」達到產品化的程序是：

①提案之前，先註冊成為會員，成為「樂高 CUUSOO」的會員。

②用照片或插圖在網站上提出希望產品化的點子。因為沒有限制方法，永橋調查後發現，有人是用素描或實際組合樂高積木做成試作品，以各種方法提案。

③所有註冊為「樂高CUUSOO」的會員可以針對提案出來的創意點子，投票表明「如果做成商品會想購買」。投票時也會具體記錄希望的購買金額。

④當想購買的會員達到一定數量，樂高就會針對產品化進行評估。

永橋為了讓其他人產生具體的印象，提案時除了插畫，也用樂高積木試做了深海6500。雖然久未接觸樂高，費了一番工夫，但他也體驗到重拾童心的樂趣。

來自全球樂高迷的迴響

永橋完成了相當出色的作品。

他在網站上發表提案後，立刻得到回應。探索神祕大海的海洋調查船，比起孩子，這個獨特的創意吸引了更多大人的注意。

不只日本，全球的樂高迷紛紛發出迴響，永橋很驚訝會引起如此熱烈的反應。

深海６５００的票數與「樂高CUUSOO」以往的提案相比，以驚人的速度增加。

（沒想到自己的點子會受到這麼大的支持。）

對此開始得心應手的永橋，為了達成產品化，更加賣力推廣活動。而產品化的第一道關卡，就是要得到一千名會員投票表示願意購買。

永橋在自己的部落格積極公開投票進度。他也請求專門研究海洋的大學教授支持，在網路上呼籲接收到消息的網友去投票。

積極推廣之下，永橋的提案在二〇一〇年一月達成一千人的目標。樂高也宣布依約開始研討深海６５００的產品化。

「海底生物的探索和宇宙同樣神祕。深海６５００的故事對我們而言是相當有魅力的未知世界。希望藉由產品化，讓更多人對深海６５００或海洋研究開發機構產生興趣。」

樂高透過網站發出訊息，並且公告將交由內部設計師進行產品化。一年後的二〇一一年二月，樂高履行承諾正式將「深海６５００」作為商品推出。

在拼砌說明書上，以日文解說深海６５００的歷史。最後還放上投票促成產品化的「樂高CUUSOO」會員名稱。附上這樣的解說還是樂高史上頭一回。雖然這個套組現在已經停產，但在樂高迷之間仍作為「傳奇樂高」受到極高評價。

粉絲的智慧也是價值之一

樂高將粉絲的智慧或創意，採納進產品中。

如第四章所述，在經營危機下接任執行長的尤根・維格・納斯托普，作為重建的關鍵，嘗試將公司價值重新導回到積木上。

建立產品開發的新結構「創新矩陣」，透過各種遊戲主題提供宏偉的世界觀，這個策略不但有所成果，樂高的主力事業也開始掌握到復活的線索。

不過，納斯托普重新定義的樂高價值，不只是單純地回歸原點。

若只找回以往的價值，很難在大宗商品化趨勢下，持續領先能開發相同產品的競爭對手或電玩遊戲公司這樣的新對手。

刺激消費者創造力的全新組合體驗，正是樂高競爭力的泉源。納斯托普認為思考如何創造這種體驗，並不只是設計師的工作。

任何人都能成為設計師的時代

「粉絲遍及全球是樂高引以為傲的事。有的是每天玩樂高的狂熱粉絲，有的則像永橋先生一樣，因為獨特的理由對樂高產生興趣。對我們而言，兩者都會創造出有趣的樂高故事。」

就在那時，網路加速了故事被看見，以往只是擺在家中裝飾的得意作品，開始接連被發表到網路上。雖然多數是出自興趣而做的作品，當中也有充滿魅力足以產品化的作品。

一直以來，樂高產品存在著只有內部設計師才能創作的不成文默契，但納斯托普敏銳地察覺到變化。任何人都能像永橋一樣，透過網路成為設計師。因此，他想建立一個符合時代趨勢，採納粉絲智慧的新開發機制。

「關鍵就在粉絲社群。」

如今 Facebook 或 Linkedin 之類的社群網站普及，網路上有很多讓同好聚集的地方。不過，在這些社群平台出現之前，樂高早已擁有熱絡的粉絲社群。

尤其是在樂高成人玩家之間，存在著稱為「AFOL（Adult Fans of LEGO）」的強大社群網。

這個社群上分享著各種資訊，舉凡樂高的產品或活動相關話題，到展示自製的樂高作品，平時也會在上面交流和樂高有關的各種意見或創意點子。

樂高知道這個粉絲社群的存在，卻只有一部分的員工自發性地參與其中。不過在經歷經營危機後，樂高的幹部重新了解到與使用者對話的重要性。逐漸轉換以往的方針，開始積極和粉絲交流。

二〇〇五年八月，納斯托普參加了在美國喬治梅森大學（George Mason University）舉辦的粉絲交流會「Brickfest」，克伊爾德．科克也同行。

原本只打算進行短時間的視察，但現場的粉絲見到他們，人潮頓時蜂擁而至。知道樂高執行長和第三代接班人到場的粉絲全聚集在現場，隨即變成一場臨時的交流會。

納斯托普事後回想，這麼說：

「大家各自表達了對樂高的想法，接連地犀利提問，每個人都很興奮。」

這場交流會持續了三小時以上，克伊爾德・科克和納斯托普重新體認到粉絲都有屬於自己的樂高故事，而那正是樂高的魅力。同時也對樂高的價值產生了這樣的確信——

粉絲才知道樂高真正的好。他們擁有樂高設計師想不到的嶄新創意，而且熱愛到可以一整天都想著樂高。我們應該像這樣縮短和粉絲之間的距離，努力汲取他們的創意。

創新矩陣的缺點

納斯托普領導樂高經營三年後，產品開發的創新矩陣幾乎已在公司內定形。開發程序標準化之後，形成能夠實現跨部門創新的結構。

可是，這個創新矩陣有個缺點。那就是產品的開發必須以達到某種程度的營收規模為前提。

如第四章所述，使用創新矩陣的專案，都是以預期獲得高營收的產品為優先。

矩陣是總覽從企劃到獲利各階段流程的輔助工具，並不適用於挑戰新領域或新類型，激發出實驗性產品。

主力產品的持續創新固然重要，但與此同時，如果沒有著手進行突破以往路線的挑戰性開發，以中長期來看，樂高的創新將會停擺。

雖然不確定會不會暢銷，不過一旦命中就有機會大賣。必須找到能夠挖掘這種潛力產品的方法，納斯托普期待粉絲的知識經驗就是其中一種可能的方式。

「粉絲自由發想的創意，或許能夠為樂高找到意想不到的新價值。」

要開拓出一種能夠汲取粉絲意見的、獨特的開發手法。

當時被賦予這項任務的，是在樂高負責開發新事業的帕爾・史密斯・邁耶（Paal Smith-Meyer）。

史密斯・邁耶以設計師的身分進入樂高，二〇〇三年被委任負責樂高「前端創新（Frontend Innovation）」小組的新事業創立。

在電腦上自由組合樂高積木

如何將粉絲的意見導入樂高的產品開發？史密斯．邁耶的前端創新小組深入現場，尋找線索。

參加全球的樂高迷活動，和喜歡樂高的新創企業經營者交流，從中找尋各種能將使用者創意具體化的方法。然後，他們決定實際嘗試一項想法。

「既然狂熱的樂高迷遍布於世界各地，那就試著開發讓他們的創意能夠具體呈現的工具如何？」

二〇〇五年，樂高開始了名為「LEGO Factory（現改名為 LEGO Design by ME）」的新服務。

賣點在於，免費提供能夠在電腦上組合虛擬積木的軟體。只要使用這個軟體，用戶就能在電腦上組合虛擬積木，製作樂高作品。組合積木的順序會留下紀錄，也能將過程列印成拼砌說明書。完成的作品除了展示在稱為藝廊的虛擬空間，也可實際訂購樂高積木的套組。具有每週票選出優秀作品的機制，而人氣作品會被樂高產品化，此外也能購買其他用戶製作的原創作品。

用戶除了能將自己的創意變成具體作品，也買得到實體的原創作品。充分活用當時的資訊技術，提供前所未有的價值。

創意無法推展為事業

「LEGO Factory」作為汲取使用者創意的方法，可說是非常棒的機制。史密斯．邁耶與樂高團隊也很期待粉絲積極利用。

然而，這項服務並未引起熱烈迴響。

理由之一是價格。利用「LEGO Factory」製作的作品，並非能夠輕易出手的價格。

「LEGO Factory」是接受單一作品的訂單，再客製成商品寄送。比起既有的量產商品，無法發揮規模效益，因此成本相對高。於是，價格比一般套組平均貴上三～四成左右。

此外，投稿至「LEGO Factory」的創意，多數是具有個人性或狂粉性質的設計，少有大家都想要的大眾化作品。

於是「LEGO Factory」的用戶僅限於固定的一群粉絲，無法拓展用戶範圍，對於服務的反應不夠熱烈。

再加上新開發的軟體不容易上手，在電腦上無法像自己動手那樣順暢地組合積木，困難的操作引起用戶不滿，逐漸遠離這個軟體。

雖然樂高持續改良軟體，卻未能解決門檻高的問題。「LEGO Factory」不能算是一門有利可圖的生意。

史密斯．邁耶事後回想道：

「這項服務上線約莫一年後，總算找到反應始終不夠熱烈的理由。可是，一直想不到好的辦法去解決那些問題。」

照這樣下去，這項專案就會被迫中止。

儘管如此，史密斯．邁耶仍堅持要建立一個能夠汲取使用者意見的開發方法。因為他感受到樂高陷入困境的原因之一，就是沒有真誠地傾聽粉絲的心聲。

然而，「LEGO Factory」難以如預期建立吸收使用者創意的結構。難道沒有其他形式可以汲取粉絲的創意，同時也讓樂高獲利的方法嗎？

史密斯・邁耶頻頻走訪現場。

新創企業聚集的會議或樂高迷的聚會、大學教授的座談會……一旦知道哪裡有能夠獲得啟發的活動，他都會親自參與，和人交流，不斷進行調查。

就在那段期間，史密斯・邁耶的前端創新小組在美國恰巧參加了某位日本人的演講，那正是解決問題的突破點。

與日本創業家的相遇

二〇〇六年，美國西岸的Google總部舉辦了名為「開放與用戶創新大會（Open and User Innovation Conference）」的活動。

這場一年一度的活動，主題是企業如何和外部組織或個人發起創新，與會者是來自世界各地的研究者和企業。

主辦人以提倡用戶創新概念聞名的麻省理工學院教授——艾瑞克・馮希培（Eric

von Hippel）為首，都是鑽研這個領域最頂尖的學者。

樂高預定在這場活動發表將使用者創意具體化的服務案例「LEGO Factory」。同一天，一位日本創業家也將介紹他所推行的服務。

這位日本男性名叫西山浩平，當時三十六歲，在日本創立了「大象設計（Elephant Design）」這家新創公司，推行名為「空想生活」的線上服務。

西山的童年時期在南美哥倫比亞度過，之後回到日本，畢業於東京大學。他的作風強勢、不受日本常規限制，是具有創業家精神的人。大學畢業後，進入美國麥肯錫管理顧問公司，擔任顧問累積經驗。

一九九四年起約莫三年的時間，他以資訊通訊及媒體業界負責人的身分，和後來創立網路公司「DeNA」的南場智子等人，一起從事成立通訊領域的新事業。在這個時期累積的經驗，讓西山強烈感受到網路的可能性。

後來，他將醞釀已久的事業構想具體化，下定決心創業。一九九七年，他與同伴攜手創立活用網路的用戶參與型商品企劃公司——大象設計。

而大象設計提供的「空想生活」服務，其架構正是本章開頭介紹到的「樂高CUUSOO」的基礎。

網站上會準備各式主題，向會員募集「想要這種商品」的創意。接著將點子公開於網站，由專業設計師或家庭主婦、學生等族群針對那個點子提出具體的設計。然後，會員再針對那個作品發表意見或評論，逐步提升作品的價值。最後整合新產品的設計和功能，在時機成熟的階段，會員就能投票決定是否產品化。若贊成票超過一定數量，就會委託廠商生產。

「把消費者覺得『如果有這個很不錯』的商品做成實際產品很有利。對廠商而言，在創意發想階段就能知道消費者期待的售價，預估要以多少產量為目標，容易評估獲利，減少初期投資或庫存風險。因此對雙方都有好處。」

西山做了這樣的說明。

提供平台的大象設計公司從實際賣出的商品收取一～五％的手續費作為收益。

集結使用者共鳴的機制

向用戶募集創意，得到一定數量的用戶支持就進行產品化。

其本質和「群眾募資」的機制相同，如今群募已是廣為人知的服務，但西山早在十多年前就察覺這件事，進行了類似的嘗試。

西山活用使用者創意進行商品開發的概念，後來也被大企業相中。其中一家企業就是經營「無印良品」的良品計畫，他們對「空想生活」很感興趣，二〇〇一年將大象設計的機制導入良品計畫的網站「MUJI.net」。成果隨即出現，催生出「ＬＥＤ手提燈」、「懶骨頭沙發」、「壁掛家具系列」等暢銷商品。後來在西山的介紹下，建立合作關係的樂高與良品計畫在二〇〇九年推出「紙模型組（Playing with LEGO bricks and paper）」等聯名商品。

西山推動的用戶主導創新，當時在學術界也引起關注。其中一人是神戶大學教授小川進，他是日本用戶創新研究的第一人，麻省理工學院教授馮希培正是他的導師。

二〇〇六年，小川教授將西山獨特的用戶創新發表在學術雜誌《麻省理工學院史隆管理學院評論》（*MIT Sloan Management Review*）。

對這篇論文感到興趣的馮希培，遂邀請西山參與前文提到的「開放與用戶創新大會」。

立刻知道課題是什麼

沒想到在樂高做完簡報後，剛好換西山登場。

西山興致勃勃地聽完樂高的簡報，同時看出「LEGO Factory」所面臨的問題。

西山事後回想這麼說：

「從我自身的經驗就能想像，以『LEGO Factory』的架構來說，要擴大規模是很困難的。用戶提案的創意未必都是好創意，必須有從大量提案中精選真正好創意的機制。」

接在樂高之後進行演講的西山，稍微改變了內容，也提及「LEGO Factory」應該會有怎樣的問題，同時仔細介紹「空想生活」如何避免那個問題。

「空想生活並非將所有創意具體化，只鎖定獲得一定支持的提案，再進一步討論是否產品化。並且在投票的時候進行『定價多少會想買？』的調查，藉以掌握消費者希望的價格範圍。因此，廠商能夠集中開發容易獲利的商品。」

西山直覺認為，如果換作自己的平台就能解決樂高的問題。西山也知道樂高的負責人很有興趣地專心傾聽他的演講內容。

演講結束後，果不其然，樂高的前端創新小組主動找上他。

「請您撥點時間和我們再多聊些。」

閒聊幾句後，小組負責人針對「空想生活」平台接連拋出很細節的問題。事後，他馬上接到樂高的面談邀請。

西山在樂高的比倫總部等處屢次參與會議，二〇〇八年十一月雙方同意進行實驗性服務。

那就是本章開頭提到的「樂高 CUUSOO」。起初的三年只以日文提供服務，驗收成果後，再判斷是否推行至全球。

推出「樂高 CUUSOO」之際，樂高也重新檢視「LEGO Factory」的運用規則。以往「LEGO Factory」的作品即使產品化，提案者也得不到報酬，但「樂高 CUUSOO」會給予報酬。而最初的成果就是二〇一一年的「深海 6500」。

「如果沒有日本用戶的創意，這麼有趣的世界就不會被做成商品。只靠樂高設計師的力量絕不可能創造出深海 6500 吧。」

史密斯．邁耶這麼說。

「深海6500」問世後，又推出了日本的小行星探測器「隼鳥號」的模型等，「樂高CUUSOO」接連誕生出獨特的作品。實驗期間結束後，展開了英語版的服務，參與的用戶激增，投稿的品質與數量急速成長。

發掘出「樂高Minecraft」

不過，起初「樂高CUUSOO」對樂高的幹部而言，只是眾多的實驗性專案之一。「樂高CUUSOO」確實克服了「LEGO Factory」的課題，卻沒有發掘出經營高層認同的大賣題材。

不久後，令他們徹底改觀的暢銷產品終於誕生了。

那就是二〇一一年，粉絲以線上遊戲「Minecraft（當個創世神）」為題所投稿的作品。

「Minecraft」是瑞典的遊戲設計師馬庫斯·佩爾松（Markus Persson）開發的網

路型虛擬遊戲。

在虛擬世界中，玩家使用積木建造家或建築物，創造自由想像的世界。如同用樂高積木堆砌虛擬空間的概念，事實上許多玩家都把「Minecraft」當作數位版的樂高，樂在其中。二〇〇九年遊戲上線後，獲得無數狂熱粉絲，玩家遍及全球（馬庫斯．佩爾松成立的開發公司「Mojang Studios」在二〇一四年九月被美國微軟收購）。

隨著「Minecraft」的人氣攀升，想用樂高積木重現「Minecraft」世界的聲音在粉絲之間隨之高漲。接收到這樣的需求，樂高進行了產品化的評估，卻礙於諸多理由導致企劃停擺。

不過，希望促成樂高版「Minecraft」的需求在粉絲之間呼聲愈來愈高。就在樂高遲遲未展開行動之際，一位用戶在「樂高 CUUSOO」許下了願望，他的提案是用樂高積木重現「Minecraft」世界的套組。

粉絲發起的「樂高 Minecraft」在網路上瞬間引發話題。全球粉絲蜂擁而至聲援這項提案，在「樂高 CUUSOO」短短兩天就突破了產品化需要的一萬票。最後，產品在二〇一二年問世。

樂高版「Minecraft」引起廣大迴響，眼見這般好成績，樂高決定將產品正式升格為遊戲主題。至今「樂高Minecraft」仍是遊戲主題中屈指可數的人氣系列。

史密斯．邁耶對此也感到很驚訝，他說：

「雖然我有預感總有一天會誕生來自粉絲創意的暢銷產品，只是沒想到這麼快就出現了結果。」

作為用戶創新的權威，麻省理工學院教授馮希培也說「樂高CUUSOO」是很有趣的機制。

「用戶的創意具有超乎企業所想的創造力及刺激性。相比所有在公司內部進行的創新模式，活用用戶的意見能得到數倍效果。『樂高Minecraft』便是最具代表性的案例。」

二〇一四年，樂高向大象設計公司收購了「樂高CUUSOO」，作為樂高的服務正式上線，名稱也變更為「樂高Ideas」，化身為從全球募集提案的平台服務。

後來，「樂高Ideas」也推出了以《回到未來》、《魔鬼剋星》等電影為主題的作品，或是美國太空總署（NASA）的女太空人或演奏鋼琴等獨特的商品。

從狂熱粉絲到一般粉絲，至今網站仍持續收到廣大用戶的創意投稿。

與粉絲共創產生的「樂高 Mindstorms」

樂高透過「樂高 Ideas」導入汲取粉絲創意的嶄新創新機制。其實，在這個平台出現之前，樂高持續不斷地摸索獨特的開放式創新。

「樂高 CUUSOO」之所以被採納，和過去累積的種種經驗大有關聯。

活用用戶知識開發產品的成功首例是，一九九八年推出的「樂高 Mindstorms」。「Mindstorms」是使用內建馬達、感測器的樂高積木，製作出機器人的高階玩家套組。開發當時的產品定位，是以十～十二歲兒童為對象的可程式機器人入門款，二〇二〇年也推出了最新版，如今作為程式設計的教材，人氣始終居高不下。

一九九八年當時，使用程式語言操控積木機器人的概念，是樂高以往產品沒有的特徵，掀起廣大迴響。套組中備有控制機器人的馬達和感測器，以及約十五種讓程式運作的軟體，可以從電腦操控機器人。

不過，推出不到一週，就發生了樂高經營高層沒料到的事。美國史丹佛大學的學生解析樂高的程式軟體，發現了可以改寫程式的方法。

採納粉絲創意的熱賣產品「樂高 Mindstorms」系列。

該學生在網路上公開軟體的編碼，在「Mindstorms」粉絲聚集的網站陸續發表改良過的原始碼。

結果，全球的粉絲或學生看到後覺得很有趣，又再進行改良。

不知不覺間，網路上充斥著各種代碼，陸續誕生出玩家自創的機器人。

像是挑戰怪醫黑傑克的機器人、自動解謎的機器人等，學生們隨興創作出來的自創「Mindstorms」接連在粉絲的網站或部落格擴散，持續增加。

「樂高的產品被隨便加工。」

當初，樂高的經營高層對這件事感到慌張又震怒。

當時負責開發「Mindstorms」的索倫・倫德事後回想這樣說：

「經營高層覺得這樣有損樂高的品牌形象，也擔心會和正在開發中的產品相互競爭。」

那段期間，樂高對廣發改造軟體的玩家寄發抗議函，並且研討採取訴訟的強硬手段。

對此，倫德這麼說：

「樂高不願認同普通的學生擁有比自己出色的創意，因為那就表示認輸了。在產品開發上，絕不能承認自己的能力比使用者還差。」

但，看到接連誕生的程式軟體，內部慢慢出現應該接受事實的意見。

起初被視為不當行為的程式改造變得一發不可收拾，同時樂高也了解到一件有趣的事。

可以自己改造程式的自由度使人著迷，廣大的玩家陸續投入「Mindstorms」的開發，當中也有許多很久沒玩樂高積木的人。童年時期玩過樂高積木的玩家，因為「Mindstorms」再次接觸樂高，大大地拓展了粉絲群。

換個角度來看，學生們是自動自發地協助樂高開發出意想不到的創意點子。這種衝擊對樂高而言，難道不是好事嗎?樂高開始萌生這樣的想法。

給予可以改良軟體的權利

樂高的經營高層討論過後，決定改變想法。

停止對擅自改變程式這件事發出警告，轉而靜觀其變。後來，更進一步正式許可玩家全面改良樂高的程式。

為了鼓勵玩家對「Mindstorms」的軟體改良，還特別將「可以改良軟體的權利」納入授權。

樂高的新方針令玩家非常高興。有趣的是，改變方針之後，「Mindstorms」的玩家人數爆增。

世界各地開始舉辦活動，展示使用改良過的軟體製作的「Mindstorms」，粉絲的交流變得活絡。粉絲們靠著自己寫的程式製作出會動的「Mindstorms」，再帶著機器人踴躍地參與活動。

知道新方針被玩家接受後，樂高也積極支持這樣的活動。反映使用者心聲，變更產品策略的結果，立刻獲得粉絲社群的熱烈迴響。

孩子們可以用樂高創造出屬於自己的玩法，樂高示範的玩法只是其中一例——樂高重新體認到第二代接班人戈弗烈．科克．克里斯蒂安森過去所提倡的「遊戲系統」的本質。

經過這件事，樂高更加致力推行在產品開發採納粉絲創意的機制。

邀請粉絲參與產品開發

「誠摯邀請您來樂高總部。」

二〇〇四年，住在美國印第安那州的軟體工程師史蒂夫．漢森普拉格（Steve Hassenplug）收到一封來自樂高丹麥總部的電子郵件。

漢森普拉格是樂高的死忠粉絲，他在美國的「樂高 Mindstorms」粉絲社群裡相當有名。不過，受到邀請的理由必須在當地簽署保密協議書才會被告知。

這個耐人尋味的訊息，其實是樂高想請他協助開發下一代的「Mindstorms」。只不過參與的範疇完全超乎漢森普拉格的預想。

參與開發將不會給予任何金錢報酬，且必須締結嚴格的保密協議，但若達成產品化，將會以開發成員之一的身分留名，對粉絲來說沒有比這個更光榮的提案了。

一九九〇年代後期，開始展開「Mindstorms」第二代的開發。

樂高進行了新的嘗試，那就是讓像漢森普拉格這樣的死忠粉絲，以開發成員的身分參與產品開發。

受到樂高邀請的人除了漢森普拉格，還有四位全球知名的樂高迷。他們沒有締結雇用契約，作為報酬，樂高讓他們以產品開發成員的身分實際進入現場體驗。

四位大師級的樂高迷對開發傾注了超乎想像的大量時間與熱情。

倫德事後回想道：「舉凡零件、軟體和驅動機制等，他們在各方面提出有助益的提案。」

而且多數是精準的意見，讓樂高的設計師也受到很大的刺激。

約莫一年的開發期間，彼此往來的電郵多達數千封。在零件和軟體細節反映了四人意見的產品，於二〇〇六年八月正式推出。

第二代的「Mindstorms NXT」因為是粉絲實際參與開發的產品而受到關注，總計賣出約一百萬套。

將世界知名建築變成樂高作品

後來樂高仍持續推出採納粉絲創意而進行開發的暢銷產品。二〇〇八年推出的「樂高建築」系列，也是基於樂高迷卓越的發想而起的產品。定居於美國的建築師亞當・里德・塔克（Adam Reed Tucker），除了建築設計的本業，平時也舉辦工作坊，使用樂高積木向孩子們介紹建築世界。他在網路上分享這些為孩子製作的樂高世界知名建築，他的作品在全球累積愈來愈多粉絲。

塔克的作品不同之處在於精密與精緻度。建築物的細節、龐大的作品規模與精巧作工，是其他樂高作品無法比擬的美麗而優雅。隨著關注度升高，塔克開始抽空參加樂高迷的交流活動，展示自己的作品。

開拓出嶄新成人粉絲族群的「樂高建築」系列。

像是美國芝加哥的「西爾斯大樓（現在的威利斯大廈）」或紐約的「洛克斐勒中心」等，塔克用樂高積木重現的作品獲得好評，消息也傳入樂高員工的耳中。

二〇〇六年，創建「樂高CUUSOO」的史密斯．邁耶造訪塔克參加的樂高迷聚會，提出了一項提案。

「要不要試著將作品開發成樂高的正式產品呢？」

塔克先是對史密斯．邁耶的提議感到驚訝，但他馬上決定答應這項有趣的提案。

「聽到自己的興趣之作打動全球樂

高迷的心，我覺得很感動。如果能和樂高一起拓展那個世界，我想沒有比這個更令人興奮的事了。」

塔克這麼說。

歷經兩年的開發，二〇〇八年樂高推出第一號作品「威利斯大廈」。命名為「樂高建築」的這個系列，外盒包裝以黑色為基底，營造出高級感，和兒童取向的產品做出區隔。

積木的顏色也專挑白色、土黃色、黑色等素雅的配色，目的是讓大人可以放在辦公室當作擺飾。

結果，樂高靠著建築系列的成功，挖掘出前所未有的價值。

其一是開闢新銷路。「樂高建築」系列不只是在玩具店，也在美術館或博物館等處銷售。

其二是提高毛利。強調高級感的「樂高建築」系列，平均單價是一般兒童取向產品的二・五倍以上。儘管積木的生產成本不變，多數粉絲感受到產品魅力，依然願意購買。

「我重新了解到積木的價值，會隨著創造出來的世界觀大幅提升。」史密斯・邁耶事後回想道。

世界建築巡禮的概念讓過去是兒童玩具的樂高改頭換面，成為大人放在房間的擺飾。更重要的是，樂高再次確認積木的價值會隨著故事性持續提升。

目前「樂高建築」系列的品項超過五十種，如倫敦的大笨鐘、巴黎的艾菲爾鐵塔、東京的帝國飯店、羅馬的特雷維噴泉等，已成為樂高的人氣系列。

培育頂尖玩家

根據典型的行銷理論，讓新產品或新服務普及的關鍵，是粉絲之中最早迷上新商品的「創新者（innovators）」群體。創新者在消費者當中僅約二・五％，被視為影響市場的傳道士。

然而，樂高不只和傳道士接觸，更找來被粉絲封為「大神」的頂尖粉絲，如「樂高Mindstorms」的漢森普拉格或「樂高建築」的塔克等人，共同開發公司內部想不到的創新產品。

創新者充其量只是最快迷上公司提供的產品或服務的用戶。而樂高更進一步與世界屈指可數的頂尖粉絲合作，共同開發產品。網羅最前端的粉絲，致力於創新。

麻省理工學院教授馮希培說這項嘗試是「挖掘比創新者更搶先一步的領先用戶」。

樂高在第二代「Mindstorms」熱賣之後，開始將頂尖的死忠粉絲組織化。

據說其數量在全球超過數百萬人，

■樂高粉絲社群

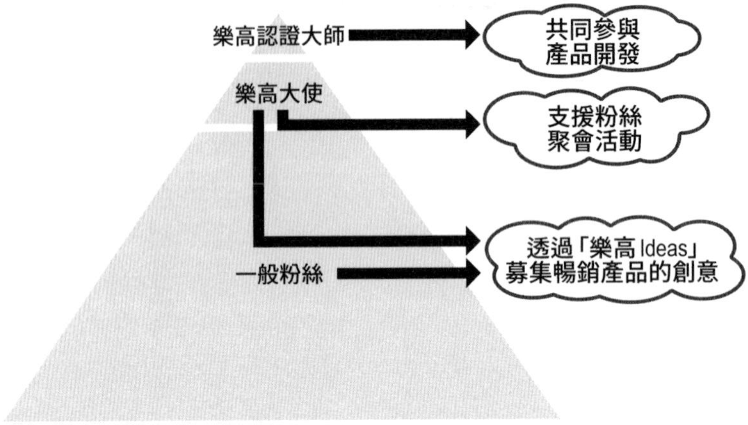

注：筆者根據採訪內容製作而成。

有數千個社群。因此，樂高持續構思將粉絲智慧融入產品開發的做法。

如右圖所示，全球的樂高成人玩家社群可以概分為三個階層的金字塔。人數最多的是一般玩家組織，其上是狂熱粉絲「樂高大使」，最上層能以樂高積木發展事業的「樂高認證大師」。

位居粉絲社群頂端的日本人

位居粉絲社群頂層的樂高認證大師之中，有一位日本人——三井淳平。今年（二〇二一年）三十四歲的他是製作巨型樂高作品的專業樂高建築師，也是全球僅二十一人的樂高認證大師之一，聞名全球。

自小受到樂高魅力吸引的三井，就讀東京大學時，創設召集樂高迷的「樂高社」。累積數年的社會經驗後，獨立成為樂高建築師。現在擁有專屬的樂高工作室，承包各方客戶委託製作的樂高擺飾。除了參加與樂高有關的活動，他也針對孩子舉辦樂高工作坊。

三井這麼說：

「樂高透過像我們這樣的粉絲交流，感受到現場的氣氛，與玩家保持適當的距離。那樣的態度獲得粉絲的信賴。」

對企業來說，聽取顧客的意見，知易行難。

至今許多企業以各種方式接收顧客的意見，努力開發產品，但成功的例子不是太多。

能夠從一般用戶身上汲取到真正優秀的創意，有人說那是因為樂高原本就有堅強的品牌力，以及許多熱情粉絲的支持。

但，樂高的倫德如此反駁：

「我們汲取用戶創意獲得成功並非一朝一夕之事，那也是經過十年以上的努力才實現了這樣的成果。」

更重要的是，隨便聽取粉絲的意見是無法催生出好創意的。

樂高為了有效選出有潛力的粉絲創意，建立了粉絲的金字塔。

賦予位居頂端的領先用戶「樂高認證大師」的稱號，有時讓他們參與產品的開發製作。另一方面，下層的「樂高大使」或一般粉絲的意見則是從「樂高Ideas」平台廣徵新穎的點子。樂高建構了全方位汲取創意的結構。

與用戶的關係也分為三個階段，逐步縮短距離。

第一階段是大眾行銷。透過定量、定性分析，收集消費者的資料，再根據資料開發產品，至今仍是主流的行銷手法。

然後，進一步縮短距離的手法是「社群行銷」或稱為「粉絲行銷」。讓產品或服務擁有固定客群，進而鎖定粉絲聽取意見，延伸到產品開發上。

與顧客的關係變得更深後，達到「用戶創新」的階段。企業與用戶合為一體，可以進行各種產品開發。

倫德指出「有些企業主張傾聽顧客的心聲，但多數只停留在社群行銷階段」。為了縮短距離，與用戶反覆進行雙向交流是不可或缺的事。

麻省理工學院教授馮希培指出，與用戶建立關係的前提是「必須認同用戶擁有比自己出色的創意」。

若沒有這樣的認知，很難將創新託付於用戶。

組合是競爭的主戰場

在此，出現了一個疑問：

企業一定要實行用戶創新嗎？

用戶創新不過是開發新商品或新服務的手段之一。假如企業內部具有十足的技術力，能夠以出色的商品力吸引顧客，也許不必刻意吸收用戶的意見。事實上，以往的時代就是如此。

一直以來孜孜不倦累積技術的日本製造業更是如此。

然而，事業環境出現大轉變。如今，資訊能透過網路即時傳播，超越國境的成本競爭已成為常態，能夠長期維持技術優勢的企業不多。

現況反而是技術階段性地走向泛化，將數個大宗商品化零件加以組合的產品逐漸增加。

在汽車業界，日本豐田汽車和德國福斯汽車集團等導入的模組化策略就是最佳例子。將底盤、引擎、變速器等零件，像拼組積木那樣開發、生產汽車的手法是現今許多汽車廠商採用的一般做法。

從可自由安裝軟體的智慧型手機到家電也是如此。無論硬體或軟體，多數產品或服務都變成以組合零件的方式競爭的產業結構。

麻省理工學院的馮希培教授這樣說：

「組合的優點正是今後企業的最大競爭力。」

比起競爭組件的價值，如何透過組合組件創造出價值，正是樂高用戶創新的有趣之處。

巧妙組合大宗商品化的產品維持競爭力。組合這件事不只是樂高單方面思考的事，也要充分活用用戶的智慧，進而建立可以產品化的結構。

這對無法避免產品大宗商品化的其他產業或企業來說，應該會是很大的啟發。

從培育領先用戶做起

那麼，當企業欲嘗試用戶創新時，應該從何著手呢？

樂高的倫德這麼說：

「應該先從培育領先用戶做起。」

只傾聽普通顧客的意見，找不到真正的市場需求，甚至可能因為問不到用戶真正的心聲，而導致失敗。

與用戶溝通會對經營者產生不小的心理負擔，因為和顧客縮短距離，就代表經營者得直接聽取顧客的意見。

其實在樂高，包含執行長在內的經營高層都會和粉絲互通電郵，製造直接交流的機會。

「當中有建設性的意見，也有對產品的嚴厲指正。重要的是，要以真誠的態度回應。」

也就是說，即使心理負擔不小，獲得的回報也很大，現任執行長尼爾斯．克里斯蒂安森（Niels B. Christiansen）如此描述。

只要真誠準確地予以回應，就能大幅縮短和顧客的距離。這是用戶創新的第一步。

最後要自問的是，企業想為用戶提供什麼？

實行用戶創新的第一步，就是重新檢討企業要提供給用戶怎樣的價值。

樂高果斷進行大刀闊斧的重組，確立了持續創造價值的創新模式。以這些對策為動力，促使業績好轉。

二〇一〇年，營收達到一六〇億丹麥克朗（約九一〇億四〇〇〇萬元，以一丹麥克朗等於新台幣五．六九元換算）的水準。二〇〇八年，即使面臨襲擊全球的金融危機也幾乎未受影響，正是樂高的經營體制已經固若磐石的證明。

要施行急救，恢復成健康的身體——突破危機的樂高經過復健，終於找回能夠在世界奮戰的體力。

Interview

樂高尚未做好用戶創新的覺悟

美國哈佛大學經營研究所教授
美國麻省理工學院史隆管理學院教授
艾瑞克・馮希培
Eric von Hippel

1941 年 8 月生，1970 年代提倡「用戶創新」，證實了產品或服務的創新不只是企業，也能由用戶發起。透過網路的普及，其主張迅速受到關注。著作《民主化創新》(*Democratizing Innovation*) 是這個領域的理論支柱。

——馮希培教授提倡的用戶創新是怎樣的概念呢？

「簡而言之，創新不只是由提供產品或服務的企業或研究機構發起，用戶也能發起創新。」

「說到創新研究的權威，就會想到赫赫有名的經濟學家約瑟夫・熊彼德（Joseph

Schumpeter），包含他在內的多數研究者，對於創新都是以從企業或研究機構誕生為前提。可是，進一步調查會發現未必都是如此。反而是作為使用者的用戶對現有成品不滿，為滿足自己的需求，自行改良或創造產品或服務。這種情況就是在企業這個封閉組織之外，由具有不同觀點的消費者所主導。」

「有趣的是，某位消費者發起的產品改良，有時也會滿足其他消費者的需求。用戶創新就是始於那些讓一定數量的消費者受益的產品或服務。到了一九九〇年代，隨著網路技術的普及，用戶創新的機會大增。開源（open source）一詞變得有名，眾人聯手共創某些事物的概念快速傳開。後來就連美國的3M公司、寶僑集團（P&G）等大企業也策略性地展開用戶創新，使得這個模式受到全球關注。」

——樂高的用戶創新也讓粉絲參與了開發。

「我覺得做得很好。樂高用了兩種方法導入用戶創新，一種是像『樂高Mindstorms』那樣，建立讓領先用戶可以參與開發的機制；另一種是現在常聽到的群眾募資，也就是『樂高 Ideas』平台。」

「不過，我不認為樂高已將用戶創新的優點發揮到極致，應該可以再推出更多採納用戶創意的產品。據說從『樂高 Ideas』誕生的產品一年大約是十件，假設全面開放，馬上就能收集到三百個左右的創意吧。」

——樂高為何不推行那樣的對策呢？

「理由很簡單啊。增加太多用戶創新，公司的設計師就沒工作可做了。當然，樂高的經營高層或許有在討論增加由用戶開發的產品數量。可是，問問現場員工的意見，難免會出現一些反對的理由，像是『無法確保品質』、『不會持續產生優秀的創意』等等。」

「假如強硬地提高用戶創新的比例，就會降低設計師的幹勁。也就是說，用戶創新對組織也是一種自相矛盾的做法。」

——除了設計師，也得改變員工的意識對吧。

「沒錯！不過，知易行難。好比媒體產業應該也有相同的現象。」

「假設出版社或報社要考慮進行用戶創新，那就像是在委託一般讀者，告訴他們只要打著我們的招牌，隨便你想寫什麼都可以。在媒體界打滾已久的經營者能夠接受那樣的事嗎？」

「光想就覺得是非常困難的挑戰對吧。其他企業大多也有類似的問題。不過，根據我的研究，活用用戶創新會讓產品或服務變得更好。再者，用戶創新對組織內每位員工的價值觀也會造成莫大的影響。就拿前例來說，身為記者要認同外部人士可以寫出比自己更好的文章，真的很難。」

「對照那樣的情況，樂高可說是用戶創新做得極好的企業。不過在我看來，樂高尚未完全下定決心，設計師畢竟是公司的既有資產，樂高終究是無法減去他們的工作。

既然連樂高都是如此了，對背負歷史、保有遺風的企業來說，要導入用戶創新是多麼地不容易啊。」

——保有遺風的企業可能改變意識嗎？

「的確不太容易。在此我要重申，企業想讓用戶創新成功的話，改變自以為是的態度是先決條件。」

「日前發生了這樣的事，某家知名汽車大廠在業界活動上進行演講。講者自認比用戶懂得多，在以用戶創新為主題的活動上，談論他們構想的『未來汽車』。而參與者都是汽車廠商視為創新合作對象的用戶們。」

「那位負責人演講了約一小時，事實上他提到的都是用戶已經實現的功能。除了他自己，在場的聽眾都聽得意興闌珊。到了尾聲，有位用戶忍不住反嗆『你提出的創意幾乎都已經實現了』，結果那位負責人聽了很生氣，代表他陷入自以為比用戶優秀的錯覺。這點不只是汽車廠商，愈是歷史悠久、擁有出色產品的企業，愈難改變意識。」

「現在的大學也有提供免費的開放式課程，儘管只是在線上公開課程影片，但排斥那麼做的教授不在少數。他們不是覺得不好意思，而是拒絕免費公開自己的授課內容。死守過去做法的傳統企業，真的要格外留意這件事。」

「其實看樂高就知道，當初用戶創新並非事先計劃好的事，而是陷入經營危機，才不得不朝那個方向發展。為了付諸實行，經營者必須要有堅定意志。究竟能否將活用用戶的力量當作機會，開發出新天地——樂高之外的其他企業應該也能夠下定決心才是。」

「企業很難阻止用戶積極進行創新，但這樣的改良對企業而言未必是壞事。企業只要好好採納用戶的意見，有很高的機率促進成長。大家應該盡早注意到這點才是。」

第 6 章

培養AI時代的技能

透過遊戲學習創意思考

照片：能夠玩中學的樂高作為培養創造力教材大受歡迎。

儘管一度面臨存亡危機，樂高藉著重新探問積木的價值，再次獲得支持。追尋玩具的價值之餘，樂高打從初期就注意到「組合積木」這個行為，擁有的意義不單只是小孩的娛樂而已。

透過玩樂高，孩子們可以安心地測試自己的能力，獲得自信、提升創造力，進而培養好奇心。

樂高是促進學習的工具——成就這個概念的重大契機是在一九八四年，第三代接班人克伊爾德．科克．克里斯蒂安森某天偶然看到的一個教育節目。

遇見MIT媒體實驗室的知名教授

節目中孩子們開心地操作電腦，他們畫畫、設計交通工具、搬動像樂高那樣的積木，分別沉浸於自己的創作世界。當中，有位身材高大的男人坐在孩子圍成的圓圈中央，正對著鏡頭。他留著落腮鬍，隱約露出的白牙令人印象深刻。

男人對著採訪者比手畫腳，熱情談論電腦與教育的未來。

「電腦的優點是讓孩子們能夠同時進行以往分散的體驗，像是美術、數學、分析、理論，這些都可以用電腦程式串連起來。」

教育最重要的不是教導孩子什麼，而是觀察孩子關心什麼，對什麼有強烈的興趣。找出牢牢抓住孩子興趣的主題，才是教育的本質，那男人這麼說道。

「我們不需要教孩子什麼，他們就會自己主動嘗試，學習各種事物，邊玩邊學。因此，教育的重點不是花很多時間做說明，而是如何加深和孩子們的關係，我們必須好好重視這件事。」

克伊爾德．科克不只對他的談吐留下好感，也被他所主張的「玩中學」想法深深吸引。那是因為，克伊爾德．科克也抱持著同樣想法。

「我想見見這個男人。」

於是，他立刻指示公司內部去找到那個男人。

調查顯示參與節目演出的男人名為西摩爾．派普特（Seymour Papert），他任職於美國東岸波士頓麻省理工學院的研究機構「MIT媒體實驗室（MIT Media Lab）」，是位知名的教授。

不是教導，而是給予自主學習的工具

派普特的經歷始終圍繞著兒童教育研究。

一九二八年出生於南非，在英國劍橋大學從事數學研究，之後轉往瑞士的日內瓦大學進修發展心理學。擔任研究員的時期，他和以兒童認知發展理論聞名全球的心理學家尚・皮亞傑（Jean Piaget）共事。

一九六三年離開歐洲到麻省理工學院，在波士頓進行兒童的學習與認知的相關研究超過二十年，他在美國教育界也是廣為人知的人物。

派普特對兒童學習有明確的信念，他認為孩子會透過經驗學習。

「人類是將內在的經驗具體化，才開始認知並學習。」

若依照派普特的理論，比起由大人教導什麼，孩子自行學習會學得更深刻。因此，重要的是準備具有魅力、牢牢抓住孩子興趣的教材。

「教材和孩子必須是『墜入愛河』般的關係，才能達到深入的學習。」

派普特經常把這句話掛在嘴邊。

人類藉由動手做，建構內在認知和心理。派普特將這種任何人都能透過遊戲體驗到的過程，命名為「建造論（Constructionism）」，並發展出一套理論。

對派普特而言，樂高是非常有趣的玩具。任何人都能輕鬆組合，自由地具體表現腦中的世界。不過比起那些，更吸引他的是，孩子們著迷其中的模樣。

一九七〇年代尾聲，派普特使用樂高進行了一項實驗。

他打算結合電腦和樂高積木，為孩子們製作新教材。一九六七年，他和同為數學家的ＡＩ權威馬文．明斯基（Marvin Minsky）教授，在麻省理工學院共同創立人工智慧實驗室。

派普特在這個機構中，研究孩子在電腦描繪各種圖形時的思考過程，其成果之一是開發出名為「LOGO」的入門程式語言。

一九八五年，派普特加入由電腦科學領域權威尼古拉斯．尼葛洛龐帝（Nicholas Negroponte）等人創設的ＭＩＴ媒體實驗室。正式運用醞釀已久的「LOGO」，進行操作樂高積木的玩具開發計畫。

與樂高共同研究產生的成果

克伊爾德．科克偶然在電視上看到派普特的時候，他正在開發這套可程式的樂高積木。

除了麻省理工學院外，也從附近的塔夫茨大學（Tufts University）等處召集有志人士，不斷摸索製作可以用程式語言操作樂高積木的教材。

雖然團隊已經做出幾個試作品，但若要更進一步開發，樂高的協助不可或缺。當時參與計畫的ＭＩＴ媒體實驗室教授米契爾．瑞斯尼克（Mitchel Resnick）事後回想道：

「使用樂高積木的程式設計構想進行得很順利，但大家都覺得應該跟樂高打個照面。就在那時，樂高的幹部來信表明想和我們見面，大家打從心裡又驚又喜。」

初次見面的派普特和克伊爾德．科克心意相通，很快就意氣相投。克伊爾德．科克聽了派普特的研究構想後，立刻決定給予支援，讓他和樂高的教材開發部門「LEGO Dacta」攜手合作。

樂高與派普特的共同研究，在一九八七年收獲第一項成果。那年，樂高發表的「LEGO TC LOGO」是使用「LOGO」程式語言啟動內置馬達等機械裝置的積木產品。這是將樂高積木與電腦，兩者相結合而成的獨特作品。

以派普特的構想為基礎，樂高積木的開發也隨之進化。到了一九九〇年代，電腦效能提升、體積變小，可以在積木中嵌入控制主機。派普特將這種積木稱為「智慧積木（intelligent brick）」，與樂高的共同開發大有進展。

智慧積木的構想日後成為一九九八年推出的「樂高 Mindstorms」。可以做出比「LEGO TC LOGO」更複雜的動作，以程式語言操作樂高積木的自由度也更高。

結合樂高積木和程式設計做出的教材非常受歡迎，在高中、大學等被廣泛活用。如第五章提到的，「樂高 Mindstorms」以玩具產品來說，也是樂高屈指可數的暢銷商品，甚至更進一步成為樂高用戶創新的起源。

而「Mindstorms」這個產品名稱也是為了向派普特致敬，以他在一九八〇年出版的著作《思維風暴》（*Mindstorms*，台科大出版）命名。

用程式語言操縱樂高積木的這個創意，讓樂高在益智玩具領域奠定地位。

更重要的是與派普特結緣，讓樂高的「玩中學（learning through play）」概念獲得建造論這樣的理論支持。

「人類藉由動手做，建構內在認知和心理。」

基於這個理論，樂高不只針對兒童，對於廣泛的世代都可以當作學習、感知和自我認知的工具並加以活用。

組合培養創意思考能力

那麼，實際上透過組合樂高積木的學習是什麼樣子的呢？

請各位回想一下在序章提過的組合鴨子的故事。

現任樂高品牌集團執行董事長的尤根·維格·納斯托普在簡報現場發給參與者六塊積木，要求他們在時限內組合出鴨子。

雖然納斯托普的用意是在提示樂高積木組合的無限可能性，但其實這個「砌鴨挑戰」也是說明樂高積木培養創思力的最佳範本。

「創意思考並非單一能力，是由各種素養構成的。在沒有固定正解的情況下，專注於過程，反覆組合、拆解，進而獲得這項綜合能力。」

領導樂高教育開發研究的樂高基金會（LEGO Foundation）的波．斯蒂傑瑞．湯姆森（Bo Stjerne Thomsen）這麼說道。

透過拼組鴨子培養的創思力概分為六種，每一種都是支持樂高「玩中學」概念的重要素養。接下來，依照組合過程歸納說明。

①打開袋子，取出六塊積木，快速且正確認識各自的顏色、形狀、大小等的能力——這是「**空間能力**（spatial ability）」，在腦中將物品的形狀或關係視覺化。這是理解數學或科學的必備能力。在此掌握每塊積木的特徵，在組合自己心目中的鴨子時，這將成為一個前提。

②把不同形狀的積木，想像成心目中的鴨子翅膀或嘴巴的能力——這是「**符號表徵**（symbolic representation）」，用積木表現心中的意象，例如「這塊積木可以當作身體的部分吧」，在這樣的過程中鍛鍊出思考或解決問題等認知活動的必備能力。

③思考如何組合想像中的鴨子，整理並規劃具體的順序，實際行動的能力——這是「**執行功能**（executive function）」，培養即使中途遇到瓶頸，也能改變積木的組合方式，控制行動、思考、感情，進而完成組合的能力。

④在組合過程中保持不分心，全神貫注到最後的能力——鍛鍊「**專注力**（concentration）」。

⑤不被必須在六十秒內完成的壓力影響，集中精神在時限內組好鴨子的能力——學習「**自我調整**（self regulation）」。

⑥和周圍的人互相觀摩組好的鴨子，客觀說明自己作品的能力——提升與周圍溝通的「**協同能力**（collaboration）」。

除了這些能力，據說組合積木也有鍛鍊記憶力或想像力的效果。這些都是培養創造力不可或缺的要素。

著手處理新課題時，必須要有不受既有框架限制的創造力，以及具體解決課題的邏輯思考能力。因為會左右腦並用，樂高亦稱之為「系統性創造力」。

引導製作者進入著迷的狀態

當然，開發這些能力的方法並非只有一種，除了使用積木，還有許多有效的方法。不過，組合積木具有兩種特徵。

其一，是任何人都能運用積木表現想法。

「實際動手組合積木，會讓自己腦中的想像更加明確地浮現出來。」

湯姆森這麼說明道。如他所言，動手拼組樂高積木的行為，比起在紙上描繪二次元（平面）的圖像，能夠獲得更好的學習效果。

繪畫或音樂也是表現手法之一，但必須要有相對的練習，才能夠自由表現自我想法。相較之下，如果是用樂高積木的話，任何人都能立刻組合，將想法具體表現出來。作為表現手法的門檻較低，是樂高積木受到許多人接受的原因之一。

其二，是可以邊玩邊學。

組合積木本身是一種遊戲，玩積木玩得入迷的體驗會提高孩子們的動機，在不知不覺中誘導他們進入深度學習。

美國心理學家米哈里・契克森米哈伊（Mihaly Csikszentmihalyi）將著迷於某種事物，不斷摸索嘗試的精神狀態命名為「心流（Flow）」，這在體育界慣稱為「化境（Zone）」。引導孩子進入這樣的狀態，可以激發更深入的思考。

美國自二〇〇〇年代起，開始熱切關注STEM教育（Science、Technology、Engineering、Art、Mathematics＝科技、科學、工程、藝術、數學），以跨領域學習為宗旨，實際動手創作、嘗試解決問題的過程是學習的核心。

創作物品，並從中摸索嘗試的學習方式，和樂高試圖培養創思力的本質相同。不是上課聽講的單向式學習，而是將腦中存在的創意，運用實際物品具體呈現的學習方法。有別於以往的填鴨式教育，這種主動式培養創造力的方法，未來應該會愈來愈受矚目吧。樂高很可能也會作為有效的教育工具，獲得更多關注。

解放人類的創意思考

麻省理工學院與樂高研究創意思考的成果，不只是「Mindstorms」這項產品。樂高除了積木，在兒童程式設計領域也發起很大的創新。

中心人物是麻省理工學院的米契爾．瑞斯尼克，他是派普特的門生兼前同事，派普特於一九九九年離開麻省理工學院時，改由瑞斯尼克接棒。

瑞斯尼克原本是財經雜誌《彭博商業周刊》（*Bloomberg Businessweek*）派駐在美國西岸矽谷的記者。他在採訪派普特的時候，對他的教育理論深受感動。

「我的目標是為所有孩子提供探險、實驗、自我表現的機會，培養活躍於社會的創意思考者。」

派普特接受瑞斯尼克的採訪時，熱情地談論未來的教育，帶給瑞斯尼克很大的刺激。

（這才是我想做的工作啊！）

原本就對教育充滿興趣的瑞斯尼克頓時有所覺悟，他決定辭去記者的工作，向派普特拜師學習。

結果，他如願成為麻省理工學院的研究員，移居東岸。此後，他視派普特為導師，持續進行以創意思考為主題的教育研究。

瑞斯尼克關注的是，「人在一生中的哪個時期最能提升創思力」。

經過不斷研究，瑞斯尼克得出的結論是在童年時期。

「在幼兒園的時候，大家都保有自由的發想，玩遊戲、做東西、和朋友一起策劃某些事，活動手腳也絲毫不覺得難為情，能夠大膽投入各種創作活動。遺憾的是，人在長大之後逐漸失去這樣的能力。不過，今後的時代趨勢會希望人們即使長大了也要保持好奇心，擁有像幼兒園小朋友那樣的創造力。」

瑞斯尼克將解放人類創意思考的計畫，命名為「終身幼兒園」。如字面所示，其研究內容是關於終身維持幼兒園時期創造力的重要性。

瑞斯尼克為了研究而展開的行動之一，是著手開發新的兒童程式語言。

針對兒童的程式語言在派普特開發出「LOGO」之後，始終沒有出現足以取代的新語言。然而，「LOGO」隨著時代變遷而過時，不易使用的狀況變得顯著。例如，「LOGO」的程式語言必須逐一將指令輸入終端機。但在二〇〇〇年之後，直覺使用滑鼠操作的圖形使用者介面（GUI）成為主流。

「『LOGO』是很棒的概念，但在二〇〇〇年代已經變得相當過時。」

瑞斯尼克這麼說道。

必須要讓「LOGO」進化，有一個符合時代潮流、能夠直覺操作的新程式語言。

開發程式語言「Scratch」

在瑞斯尼克的主導下，於二〇〇〇年代前期展開了沿用「LOGO」概念，並加入最新功能的程式語言開發計畫。

開發過程中，樂高積木帶給瑞斯尼克極大的靈感。

當時，瑞斯尼克面臨了一道難題，他在思考要如何讓孩子們直覺性地理解程式設計。他在邊玩積木邊思考的時候，發現到程式設計就像組合積木一樣。

例如，在螢幕上將畫好的兔子往右斜上方移動時，用積木拆解指令步驟的話，就是組合「向右移動」、「向上移動」兩塊積木。將指令視為積木，排列順序的概念，

等於是透過視覺化的方式將邏輯性思考變得更容易理解。

「程式設計就像堆砌數位積木，樂高的基本玩法成為程式設計的基礎。」

於是，在二〇〇七年完成了名為「Scratch」的程式語言。

因應孩子們的需求，除了併入圖片、音樂，配合社群時代，也搭載了可在網路上與其他用戶共享程式的功能。

瑞斯尼克把將這個程式作為開源軟體，免費公開在網路上，因為他希望盡可能讓更多孩子使用，培養創意思考的能力。

成為程式設計教材的標準

「Scratch」很快地成為大受歡迎的兒童程式語言，在教育現場也成為標準教材。

而且，在美國蘋果公司的 iPad 等平板裝置出現之後，也開發了適合更低齡兒童的「ScratchJr（小塗鴉）」等。現在，「Scratch」的全球註冊用戶超過七千八百萬人（二〇二一年十月的統計數字）。

根據日本從二〇二〇年開始實行的新課綱規定，程式設計教育也被列為國小的必修科目，主流的程式語言「Scratch」備受關注。

和「樂高 Mindstroms」一樣，樂高將這些成果巧妙地應用到主業的積木開發上。二〇一七年，樂高發表了新產品「樂高 BOOST」，這是使用平板操作組合積木的幼幼版「Mindstroms」，搭載的軟體程式語言是從「Scratch」獲得靈感。二〇一八年之後，「得寶」系列等加入可用平板操作積木的功能，多數也是以「Scratch」的概念為基礎。

MIT媒體實驗室與樂高至今仍維持合作關係，拓展「Scratch」的計畫，同時致力於樂高教育在激發創造力上的普及。

至於派普特提倡的，藉由動手做，建構內在認知或心理的建造論，雖然知道的人還不多，其本質清楚表現了人類具有創意思考的潛能。

克伊爾德．科克偶然在電視上看到派普特的專案，開啟了麻省理工學院與樂高的交流。對樂高帶來莫大影響的派普特在二〇一六年與世長辭，由瑞斯尼克接棒擔任MIT媒體實驗室的代表。

如今樂高仍以和麻省理工學院的研究成果為範本，持續和英國劍橋大學、中國清華大學等十所以上的教育機構，以兒童教育為主題進行研究。

透過動手創作，摸索嘗試的過程中學習的創意思考，在ＡＩ技術逐漸普及的現代社會，應該會受到更大關注。

從樂高感受到教育價值的不只是孩子，現在樂高也成為備受矚目的社會人士學習方法，以及企業擬定策略的工具。下一章要來看看最前線的情況。

Interview

運用樂高，增加創意思考的深度

美國麻省理工學院（MIT）媒體實驗室教授
米契爾・瑞斯尼克
Mitchel Resnick

1956年6月生，深受已故MIT教授西蒙‧派普特的願景「為所有孩子提供創造性的機會」啟發，辭掉記者工作，投身教育研究。參與「樂高Mindstorms」的開發。2007年開發出兒童程式語言「Scratch」，在MIT媒體實驗室主導著眼於童年時期創造力的「終身幼兒園」研究計畫。

——創意思考的重要性正在逐漸提升。

「現在正是尋求創造力的時代。網路、AI技術的進步讓教育界產生驚人的變化，以往的常識已不再通用。為了在無法預測的未來活下去，必須要有不受既有框架限制的發想力。」

「要在難以預料的時代活下去，並非只需要一種素養，但我確信創造力是很重要的能力。今後我們負責的許多工作，會比現在更需要創造力。創造力的相反是規律，而例行性的工作未來恐怕是交由機器人負責，今後人類很可能無法再靠例行工作產生價值。」

「那麼，該如何提升創造力呢？我在ＭＩＴ媒體實驗室，透過名為『終身幼兒園』的計畫持續研究這個能力。」

——終身幼兒園具體來說是怎樣的活動呢？

「非常簡單，我假設人類的創造力在幼兒園時期最活躍，並進行驗證。在這個時期，人類不受框架限制，持續進行自由發想或活動。用積木蓋城堡、用蠟筆畫畫、唱歌，對各種事物充滿興趣，不受社會框架限制，不斷地表現自己心中的感受或創意。」

「然而，人類會隨著成長逐漸失去這樣的創造力。最大的理由是出在教育上，讀、寫、珠算等這類知識記憶型的教學增加，比起創造力，教育更追求背誦。可是，就像我剛才說的，今後的時代所需要的教育，是喚醒潛藏於自己內在的創造力。人類該如何保有幼兒園時期的創造力活下去，是本計畫的最大主題。」

「具體的行動是向幼兒園時期的實際做法取經，以普遍化為目標，使其成為所有世代皆通用的模式。將在幼兒園培養的創造力精髓，落實為具體的方法論。」

「創造力之所以重要，並非只站在教育的觀點。那也會促使我們去思索人生的幸福是什麼，開始思考何謂幸福感。能夠有創意地表現自我的人，就能將內在的聲音傳達至全世界。思考欲發聲的內容，就能以此為開端，探尋人生的目標。」

——現在的教育面臨什麼課題呢？

「現在的學習體制會讓孩子隨著成長失去創造力。孩子們上小學後，多數時間是坐在課桌前度過，聽老師上課，抄寫筆記，被要求記憶知識。由於花太多時間在背誦上，自發性思考的機會減少，最終失去了創意思考的素養。」

——也就是說，現實社會中沒有培養創造力的架構。

「現況是整個教育體系依照嚴格的紀律運作，我將之稱為廣播型教育方式。一位老師就像電視節目的主持人那樣，單方面地傳播知識給多名學生。這種方式適用於傳達已經有正確答案的知識。對教導者來說，因為有明確的做法，只要反覆教授這些知識就能保證一定的品質。這是非常方便的系統，類似工廠生產產品的架構。」

「必須留意的是，就算告訴學生創意思考很重要，若是用廣播型教育方式傳達，效果還是很薄弱。由始終堅持舊思維的老師來傳達創意思考的重要性，根本毫無意義。必須改變教學方式，讓老師和孩子們持續雙向溝通。」

「為了實現這件事，必須大幅改變老師的意識與角色。雙向互動不像以往的教育那樣有正確答案，就連老師也必須自己找出答案。這對已經習慣舊體制的人來說是一大挑戰。」

——即使是盛行STEM（科技、科學、工程、藝術、數學）教育的美國，也有這個問題呢。

「如今多數人仍然支持現行的教育體系，因為現在的教育對傳達資訊非常有效，同時也讓雙向互動顯得效果很差。就算和孩子們一起探索，進行各種交流，還是無法預測他們何時能夠學到什麼。」

「不過，孩子們透過創意思考的方式，以自己的力量發現創意或知識，這會讓他們留下比以往的教育方式更深刻的記憶。」

——具體來說，應該用怎樣的方法改變呢？

「我認為終身幼兒園的『4P方法論』很重要。那是指Project（專案）、Peer（同儕）、Play（玩樂）、Passion（熱情）。」

「為了實現創意，必須是任務導向，以積極主動的態度執行（專案）。然後，和同伴一起合作互助（同儕），保持玩心、不畏懼風險，挑戰新事物的態度（玩樂）很重要。進行感興趣的事情時所產生的強烈情緒（熱情），會讓學習更深刻。」

——在培養創意思考這件事上，樂高如何發揮作用呢？

「要開發創意思考，必須讓孩子們開心地合作互助，此時樂高積木就是非常有用的工具。樂高與ＭＩＴ媒體實驗室長期以來共同探索，支持孩子透過遊戲經驗進行學習。當然，終身幼兒園也受到樂高集團的支持。」

——與樂高的合作計畫也促成了兒童程式語言「Scratch」的開發對吧。

「『Scratch』的開發始於二〇〇二年，但早在第一代『樂高 Mindstorms』誕生的一九九八年，就有使用電腦程式為孩子創造新體驗的點子在醞釀了。」

「MIT媒體實驗室擁有兒童程式語言『LOGO』，這是由我的導師，也就是MIT的西摩．派普特教授開發而成。在『LOGO』出現之前，我們總認為電腦對孩子們來說太難了，可是派普特教授讓我們知道，孩子們也能善用電腦進行設計或寫程式。」

「後來，我和派普特教授一起開發的『Mindstorms』熱賣，我也從樂高的發想獲得很大的靈感，並將其應用於『Scratch』的開發。」

「進入二〇〇〇年代，『LOGO』已經顯得有些過時，畢竟那是一九六〇年代開發出來的程式語言。而且，還有語法或分號應該放在哪裡的規則，這類瑣碎的程序對孩子來說是有點困難。現在也是如此，要孩子學習Java或C++這些程式語言都太難了。」

「因此，我構思讓孩子更容易用電腦做出自創的遊戲或故事的新方法，最後得出了像拼砌積木那樣組合指令的創意點子。把程式當成積木的話，直覺上比較好理解。」

「配合現在的時代潮流，新增可以插入影片、圖片或音樂的功能，讓孩子們可以依各自需求組合程式。同時也加入社群功能，讓全世界的孩子觀摩彼此的作品，互相刺激成長。」

「順帶一提，『Scratch』一詞來自DJ混合不同聲音的技巧——刷碟。孩子們將不同點子搭配組合，孕育出新的創意，就像創作新音樂一樣，是很重要的過程，所以我才取了這個名字。」

——程式設計已列為日本的國小必修科目，往後「Scratch」被使用的機會增加了。

「我很樂見『Scratch』被廣泛活用，也期待透過這個機會，讓日本的教育第一線理解到雙向學習的重要性。程式設計和積木一樣，凡加以善用就可以是培養創造力的強力工具。希望能獲得教育界的支持，建立像終身幼兒園那樣的自由世界。」

——創意思考將來會發展成怎樣的境界呢？

「短期的話，我並不看好，若以長期的角度來看，我是抱持樂觀的態度。因為我知道要發展創意思考，必會經過改變的陣痛期。人們依舊停留在過往的學習方式，長久以來的固有想法無法說變就變。但，長期來說我還是樂觀以待。重視創意思考的聲勢將會日漸高漲，形成巨大浪潮，我也想對此趨勢有所貢獻。」

「我原本是財經雜誌的記者，某次採訪派普特教授，他的願景讓我有如當頭棒喝。我就此轉換跑道，此後始終朝著相同目標努力鑽研。創造力雖然是個不簡單的挑戰，卻是非常大且有價值的主題。我想為處於不同環境的孩子們提供能夠自由探索、實驗或表現的機會，持續從旁支援，培養他們成為創意思考者的資質。」

第 7 章

企業擬定經營戰略也運用樂高

經營危機產生的「樂高認真玩」

照片：用於企業組織活化等目的之「樂高認真玩」，在日本也頗受關注。

從自我啟發到團隊建立、組織活化，然後是戰略擬定……。

樂高被當作學習工具的趨勢不僅限於兒童，也延伸至大人的世界。

那麼，如何使用樂高積木推動組織活化呢？為了讓各位具體地理解，先介紹一個典型範例。

這裡是某企業的會議室。

接下來，要使用樂高積木進行為業務員設計的工作坊。參加者是五位將來有望成為儲備幹部的員工。舉辦這場工作坊的用意，是希望提升他們身為業務專家的意識，思考個人對團隊或組織能夠帶來什麼貢獻，進而找到具體目標。

五位成員圍坐在大桌前，桌上放的不是筆和筆記本，而是許多形狀不同的樂高積木。所有人都坐定，準備就緒後，引導師發出指示：

「首先，請使用你眼前的樂高積木做出一個塔。」

課題是在時限內盡可能蓋出一座塔，高度愈高愈好，並在塔上放樂高人偶。這樣的第一步，是為了讓他們熟悉積木。時間到後，每個人介紹自己的作品，互相進

每位參加者輪流介紹自己的作品，藉此將想法轉換為語言。

行評論，緩解緊張氣氛的破冰遊戲就此告一段落。接下來，課題的層次開始不一樣了。

引導師拋出這樣的問題：

「請用樂高表現你的最大優勢。」

在場的所有人都一臉困惑，引導師立刻接著說：

「別急著思考，先把積木拿起來組合看看。真的想不到的話，就什麼都別想，組合積木就好。」

於是他們聽從引導師的建議，試著拿起積木組合。有些人很快就做出東西，有些人拿著積木陷入沉思。不過，幾分鐘過後開始出現變化，大家逐漸變得能

夠用積木表現自己。

有人做出直線箭頭，表示自己的優勢是「突破力」；也有人在塔上放人偶，表現「視野的高度」。

起初聽完引導師的題目後毫無頭緒的參與者，透過動手組合積木，自己心中模糊的印象逐漸變得具體。

時間到了之後，每個人再次針對自己的作品進行說明。

「箭頭部分用的紅色積木是代表我的熱情，有些地方是用透明的積木，代表我的脆弱。」

「這個人偶代表我的視野很高，但也可能看不到自己身邊發生的事。」

大家看著自己組合的作品，像在逐一確認似地坦率說明。

結束說明後，引導師或其他人會提出問題——「為什麼箭頭是朝那個方向呢？」、「為什麼塔的積木是用紅色呢？」

參與者互相評論作品，創作者也得要加以說明。而創作者透過回答問題，在用自己的話說明的過程中，更深入地理解自己的作品。

回答引導師或其他人的提問，讓創作者內在模糊的概念或創意，透過組好的積木作品，掌握以言語表述的感覺。隨著重覆進行這個過程，參與者的興趣與專注力逐漸升高，熱衷於組合積木這件事。

看到現場氣氛變得熱烈，引導師又提高課題的層次。

「你接洽過最棒的業務是什麼呢？」

「你不想再接洽的業務是什麼呢？」

「如果你離開公司，公司的業務組織會失去什麼呢？」

參與者的工作內容基本上都相同。針對課題，在時限內組合積木表現自己的想法，再透過言語表達出來，與其他人共享。

假如覺得第一次組合的積木並未獲得參與者認同，引導師會再進行第二次、第三次。

參與者心中的「業務價值」或「自我價值」透過組合積木的方式逐漸變得具體與視覺化，甚至能用自己的言語表達，令他們感到驚喜又興奮。

工作坊進行到尾聲，多數參與者能夠用非常明確的話語表達自己的價值或重視的業務價值，與其他人共享。

於是，引導師拿出筆和筆記本發給參與者，接著說：

「那麼，請大家試著具體寫出身為一位業務員，能夠以怎樣的形式為公司帶來貢獻吧。」

多數的參與者變得和剛開始時判若兩人，在筆記本上接連寫下自己的優勢。

以上是以企業為對象的「樂高認真玩」（LEGO Serious Play，簡稱ＬＳＰ）工作坊的情境之一。

組合樂高積木的行為，和孩子們用來遊戲或學習的方式沒有什麼不同。不過，孩子和大人玩樂高的差異點在於，「組合什麼」這個主題。

讓概念或創意成形

孩子組合積木時，題目是「鴨子」、「飛機」、「家」等看得見的物體。一般都是將實際存在的目標物，盡力用積木如實重現出來。

相對於此，「樂高認真玩」所組合的題目則是抽象的「意象」或「認同」。例如「動機」、「領導力」、「願景」等，將這些乍聽之下無從掌握的概念透過組合積木變得具體。雖然起初會感到困惑，但就像前述的工作坊那樣，參與者在拿起積木、動手拼砌的過程中，腦內潛藏的意象便隨著樂高模型逐漸成形。

「樂高認真玩」將這個過程分為：①依提問製作（組合）、②建構說明、③分享、④反思，重覆這四個步驟可促進概念的視覺化。

能夠將抽象的概念轉換成積木表達出來，這件事具有重大意義。因為人們未必能準確地以言語說明自己所想的事。好比「領導力」一詞，見解因人而異。即使能夠表達，也會因為對方的理解方式或詮釋的差異，無法如願傳達自己的意思。

但是，透過樂高積木這樣的共通語言，體驗到自己心中的概念可以比想像中更順暢地傳達出來。能夠將腦中的創意以簡單易懂的方式呈現，並且在互相理解的情況下與其他人共享，這就是「樂高認真玩」的一大特色。

尋找組織應該遵從的紀律

開發「樂高認真玩」的人，是名為羅伯特・拉斯穆森（Robert Rasmussen）的丹麥籍樂高員工。

拉斯穆森長期以來在樂高的教育部門「LEGO Dacta（現稱樂高教育）」負責兒童教材的開發。開發兒童教材的過程中，他確信「解放創造力」這項本質價值也能充分應用於大人，於是構思出「樂高認真玩」這套方法。

「樂高對成人來說也是能讓溝通順暢的有效工具，而活用樂高積木的工作坊不只讓每位參與者的思緒變得清晰，也能提升團隊的凝聚力。」

拉斯穆森之所以這麼想，首先是因為他確信只要運用積木，就能將人類複雜的感情具體化。

如前文所述，比起口頭談論，用樂高模型表現「領導力」或「願景」之類的抽象概念，可以更深刻且正確地被理解。像是討論公司的優勢等等認知因人而異的主題時，因為參與者能夠正確理解彼此的想法，順暢地進行討論，討論的品質也會有顯著的提升。

第二個理由是，「樂高認真玩」能夠完整汲取所有參與討論者的意見。

在「樂高認真玩」工作坊上，每個人都必須向其他人說明自己完成的作品。等於是給予所有人平等發言的機會，超越職務或頭銜等立場，以對等的關係交換意見。

通常會議上會分為發言的人與不發言的人。有些人參加會議卻在做其他工作，幾乎沒在聽別人說話。所有與會者都具有身為當事人的意識，在會議上達到平等發言的情況少之又少。即便知道傾聽所有參與者的創意很重要，事實上卻很少做到。

然而，只讓大聲說話的人主導討論的話，其他參與者會感到掃興，要引導出所有人的共識就變得困難。

拉斯穆森這麼說：

「真的想透過會議有所收穫的話，必須引導出所有參與者的創意。」

制定戰略即是決定判斷基準

「樂高認真玩」的終極目標之一，是讓參與者或組織最重視的價值顯現出來。如前文所述，反覆進行「製作（組合）、說明、分享、反思」這四個步驟，提高提問的層次，最終就能找出自己做決定時，所重視的判斷基準或決策核心。

一旦這個判斷基準夠明確，在工作或人生必須做出重要決定時，就比較不會感到猶豫。清楚知道自己該做的事或不做的事，判斷速度就會變得快。「樂高認真玩」將此稱為「簡單指導原則（Simple Guiding Principle）」，也可說是為自己最重視的價值訂出基準。

探索這個判斷基準的過程，可以應用在公司制定經營戰略的程序上。

「畢竟所謂的經營戰略，就是決定企業做出決策時的指導原則。」

拉斯穆森這麼說。

例如，企業被迫做出繼續或抽手某項事業的裁決。

而這個抽手與否的最終判斷，應該根據自身依賴的價值基準。假設企業的價值觀是「著手對永續社會有所貢獻的事業」，考慮轉售事業時就能以是否符合這個價值做判斷。這時候，只要公司的價值基準明確就不會猶豫不決，若非如此，是否要繼續或抽手事業的判斷會搖擺不定。

即便是讓企業價值觀顯現的這般難題，只要使用「樂高認真玩」，就能透過反覆組合積木找到答案。

此時最重要的是，企業的經營戰略也要和個人的價值觀互相連結。

「經營戰略必須要是高層認同的指導原則。有時會遇到即使戰略完美，經營卻仍陷入危機的情況，多數的原因都來自於經營者或幹部對於那套原則並不由衷認同，因此沒有以基準做判斷。」

拉斯穆森說，再優秀的顧問擬定的戰略，一旦經營高層沒有共鳴就無法順利進行下去。

當然，決定高級戰略的過程也是「樂高認真玩」最難的關卡。不過，愈是難以共享的概念，就愈需要一個能夠讓所有人平等討論且理解的場合。

透過反覆組合樂高積木，找出自己真正重視的價值，是件很有趣，卻也很辛苦的事。樂高將這種狀態稱為「辛苦的樂趣（hard fun）」。

對此，拉斯穆森這麼說：

「這種辛苦的樂趣，會讓人們變得專注，更容易做出成果。而『樂高認真玩』很擅長營造這種狀態。」

答案已存在我們的腦中

拉斯穆森也是受到第六章提及的ＭＩＴ媒體實驗室教授西摩・派普特薰陶的人之一。

「手的觸覺就像身體的搜尋引擎，如同在Google的搜尋列輸入關鍵字就會出現結果一般，動手組合積木會讓人開始探索自己的記憶，引導出各種創意。」

在「樂高認真玩」中，也看得到派普特的建造論思想。

拉斯穆森說，這樣的能力正是人們在ＡＩ時代所被需要的能力。

「在動手探尋創意的過程中，我們會察覺到自己明明知道很多事，卻沒發現這個事實。大部分的必要知識其實都已經儲存於腦中。」

「樂高認真玩」是發掘潛藏於大腦深處的知識，也就是人類智慧（human intelligence）的方法。多數課題的答案，早已存在於我們腦中。拉斯穆森基於這個前提，確立了解放創造力，引導出知識的方法論。

現實世界的經營並非遊戲。不過，樂高積木的世界中可以重現商務情境，認真地玩樂高，因此命名為「樂高認真玩」。

「我們經常是在擬定好戰略實行後，失敗了才發現計畫有誤。因此，與其反覆經歷那樣的錯誤，不如先用樂高積木建立商業模式，認真地玩才不會受重傷。好好玩一場，再開始寫經營計畫就好。」

拉斯穆森這麼說。

從危機誕生的「樂高認真玩」

「樂高認真玩」原本是樂高為了找出免於經營危機的對策而開發的。

一九九〇年代，面臨專利過期與電視遊樂器崛起的環境變化時，第三代接班人克伊爾德．科克．克里斯蒂安森開始推行將樂高積木活用於企業的戰略制定或決策的專案計畫。

克伊爾德．科克相中的共同開發合作對象，來自他攻讀經營學碩士的瑞士國際管理學院（ＩＭＤ）。

可是，即便有優秀的教授群加入，將樂高積木活用於企業戰略制定的這個點子始終沒有成形。運用積木的這個部分沒什麼問題，但組合完成後，話題卻無法延伸下去。

遭遇瓶頸的克伊爾德．科克延攬了拉斯穆森。

當時，拉斯穆森在教育部門「LEGO Dacta」開發樂高的兒童教材。擁有教師經驗的他，對於開發以往沒有的成人教材很感興趣，躍躍欲試。

為了專注於這項計畫，拉斯穆森將據點移往美國。後來認識了麻省理工學院的派普特教授，深受建造論的思維影響。

拉斯穆森向派普特展示了開發過程的方案，重新認識動手思考的重要性。經過不斷摸索，確立了具有「樂高認真玩」雛形的方法論。

用樂高積木製作模型，建構說明、分享、反思。

反覆進行這四個步驟，讓每位參與者一步步將自己心中的創意或概念具體化。後來，拉斯穆森借助派普特與各方人士之力，鞏固了「樂高認真玩」的概念。

歷經千辛萬苦，在二〇〇一年完成方案的拉斯穆森遇到了一大課題——

必須培訓能夠活用這套方案的指導人才。

透過體驗學習的「樂高認真玩」工作坊，其成效取決於引導師的技巧。然而，培訓優秀的引導師是相當費時耗神的事。

因此，「樂高認真玩」起初並未像樂高預期的那樣推廣開來，因為無法立即培訓出理解方法的推廣人才，就沒辦法一口氣擴大。

無法推廣的服務讓「樂高認真玩」數度面臨中止的危機。

最後在二〇一〇年，樂高決定將「樂高認真玩」改成授權制。以往只有樂高認證的引導師可以執行的「樂高認真玩」方案，變更為委託給樂高核可的團體執行的商業模式。

也就是「樂高認真玩」使用的積木一律由樂高提供，而訓練內容及推廣方式交給核可的團體。

接受這項決定後，拉斯穆森以過去所培訓的引導師為中心，拓展應用「樂高認真玩」工作坊的團體。

二〇一四年，在拉斯穆森等人主導下，創立了「主培訓師組織（Association of Master Trainers）」，整頓了培訓引導師的機制。

現在，全球約十四名主培訓師，接受他們的指導就能取得「樂高認真玩」的認證引導師資格。成為認證引導師後便可以主辦工作坊等活動，將「樂高認真玩」推廣至社會。

據說全球各地的「樂高認真玩」認證引導師已超過四千人，拉斯穆森於二〇〇四年離開樂高，現在是「樂高認真玩」的引導師培訓工作坊的負責人，依然活躍地致力於推廣。

想要透過動手組合積木的「樂高認真玩」方法，強化員工創意思考的企業逐年增加。

好比美國的高盛（Goldman Sachs）、寶僑（P&G）、輝瑞（Pfizer）、Google，還有美國國家航空太空總署（NASA）等。

如今，知名大企業和組織都在實行活用「樂高認真玩」的工作坊。許多企業想要深入挖掘出員工的意見或想法，導入的企業範圍確實擴大。

日本也在二〇〇八年設立了拉斯穆森顧問公司的合夥公司（Robert Rasmussen and Associates, Japan），代表董事的蓮沼孝說：「『樂高認真玩』對日本人來說很有親切感，有興趣的企業也很多」。

「樂高認真玩」並未解決樂高的經營危機。可是，誕生出來的方法成為解放新時代人類能力的工具，為世界知名的企業帶來活力。

兒童玩具起家的樂高積木，將目標擴大至成人玩具，從遊戲變成學習工具，不斷地擴增價值。

其根基是樂高始終相信人類可能性的態度。

在ＡＩ技術逐漸廣泛應用於社會的將來，沒人知道人類的優勢會持續到何時。而為了持續變化、適應，人類必須具備創意思考能力。樂高作為喚醒創思力的工具，今後應該也會扮演重要的角色。

Interview

樂高會解放大人的創造力

「樂高認真玩」主培訓師組織共同創辦人
羅伯特・拉斯穆森
Robert Rasmussen

1946年出生於丹麥，曾任教師、校長，後來進入樂高的教育部門。1988年至2003年擔任研究開發部門的統籌負責人，開發了許多教材。以教育理論「建造論」為基礎，與大學共同開發社會人士教育方案，創造出「樂高認真玩」。現在負責培訓「樂高認真玩」的新世代培訓師或引導師。

——「樂高認真玩」受到企業關注的理由為何？

「首先，使用樂高積木能讓團隊內產生一個共通語言。團隊建立所需要的是，釐清成員的想法，達成互相理解。可是，像領導力或理念等抽象概念，解讀方式大多因人而異。透過『樂高認真玩』，能夠靠著積木將其中的差異語言化，促進理解彼此的想法。轉換成樂高模型這種共通語言後，就能從理解、認同的角度了解所有人的差異，讓大家在統一的出發點進行討論。」

「從現實面來看，要在每個會議上完整聽取所有人的意見，幾乎是不可能的。基本上會明確分成發言與不發言的兩派人。我將之稱為『20／80會議』，通常是由具有發言權的二成參與者，獨占會議議題的八成。可是，若只有說話大聲的人主導討論，會議的價值就會減半。因此，導入集結所有參與者創意的結構很重要。」

「一旦體驗『樂高認真玩』，就算是討論困難的主題也能達成超乎想像的成果，令所有人感到驚喜。大家互動交流，動腦思考、活動雙手，傾注所有感覺引導出答案，也能獲得彷彿回到兒時的樂趣。」

「團隊建立是『樂高認真玩』能夠支援的應用範例之一，不光是組織活化，還能活用在各種情況，例如企業的戰略制定、探索企業的核心價值等。」

「其實最終目標全都一樣，就是尋得成為判斷基準的價值觀。無論是企業判斷要繼續或收手某項事業，或是個人做出人生的選擇，皆需要有明確的判斷基準才能做出決定。這個基準在『樂高認真玩』稱為『簡單指導原則（Simple Guiding Principle）』。由自己發現並確認這項價值核心，是很重要的事。」

——活動雙手就能發現這樣的判斷基準嗎？

「手的重要性，超乎我們所想。動手組合積木會引導出腦中沉睡的知識。就像在搜尋引擎輸入關鍵字會出現結果那樣，聽到相當於關鍵字的提問後動手，從腦中引導出創意。」

「多數人動手之後，驚訝地發現『自己知道很多事卻從未察覺』的事實。其實許多必要知識已經儲存在腦中。由此看來，『樂高認真玩』具有發掘人類深層的知識，也就是人類智慧（HI）的效果。」

——所以，不是單純組合積木而已對吧。

「的確就是組合積木，只不過，和孩子玩積木的決定性差異在於，組合的題目。孩子組合積木，主要是模擬鴨子或橋等存在於現實社會的事物；而大人所被要求的，是意象或認同等無形的概念。」

「用樂高積木表現自我價值或理念，起初確實會感到困惑。但在動腦思考前，熟悉了動手的感覺，就可以先開始組合積木。持續重複這樣的過程，腦中存在的創意就會接連以樂高模型的樣貌具體呈現。」

——這麼說來，答案已在我們腦中。

「創造力不是靠培養，而是解放。光是發現這個事實，看待世界的方式就會大大地改變。『樂高認真玩』如字面所示，認真地玩樂是非常重要的行為。現實世界的經營並不是遊戲，多數企業制定紙上談兵的戰略，面臨實際情況後又得修正計畫。然而，在樂高的世界可以自由制定戰略，決定價值基準。藉由『樂高認真玩』認真地決定戰略，以遊戲的方式驗證之後，再擬定出正式計畫就可以了。」

「當然，要用『樂高認真玩』引導出經營戰略，必須有能幹的引導師。『樂高認真玩』成功的關鍵，就是引導師設定的準確提問。因此，培訓能夠有效運用『樂高認真玩』的引導師，是我現在的重要工作之一。」

——AI時代開始尋求人類的價值。

「我不知道AI能夠取代人類的工作到哪種程度，但人類的價值為何的探問，今後將會更受到關注。雖然我也不知道答案，不過對於能夠深入挖掘人類智慧的『樂高認真玩』的需求，應該會愈來愈多吧。」

「現實世界的問題不會只有一個正確答案，非但如此，通常我們連問題是什麼都不知道。設定問題，徹底深思，這樣的基本功是許多人需要的。然後就像『砌鴨挑戰』

那樣，有多少人就有多少設定問題或導出答案的方式。如此的多元性，正是人類的價值所在。就這個意義來說，樂高是很棒的玩具，同時也是引導、發掘出人類各種創意或想法的工具。即使對象是大人，樂高的價值並未改變。」

第 8 章

不斷自問公司的存在意義

永續經營的關鍵

照片：樂高集團的母公司出資英國利物浦郊外的
巨大風力發電廠「巴布海岸延伸風電廠」。

利物浦（Liverpool）是英國中西部的港灣城市，從市中心搭電車北上大約二十分鐘，穿過寧靜的住宅區來到沿海地區，就會看到一大排巨大的風力發電機。

「巴布海岸延伸風電廠（Burbo Bank Extension）」綿延近海長達七公里，是一座規模相當大的離岸風力發電廠。巨大的發電機直徑八〇公尺，螺旋葉片在近海的強風中旋轉，每座最大發電可達八MW（千瓩）。

三二座風力機的年發電量超過七億五九〇〇萬GW（百萬瓩），以英國一般家戶的年用電量來算，可供給相當於二三萬戶的用電，這是英國最大級的風力發電廠。

出資風力發電廠的目的

二〇一六年，樂高投資了這項「巴布海岸延伸風電廠」專案。樂高創始家族經營的樂高集團母公司科克比（Kirkbi）出資約三三億丹麥克朗（約一五八億四〇〇〇萬元，以一丹麥克朗等於新台幣四．八元換算），持有該發電廠約二五%的電力。

在此四年前的二〇一二年，樂高集團也出資過其他風力發電專案。

當時出資的是位於德國北海岸往西北約五七公里，在北海上運作中的「博爾庫姆岩盤風電廠（Borkum Riffgrund）」，投入了約三〇億丹麥克朗（約一五〇億九〇〇〇萬元，以一丹麥克朗等於新台幣五．〇三元換算），樂高持有該發電廠三一．五％的電力。

出資巴布海岸和博爾庫姆兩處風力發電廠所持有的電力，理論上能讓樂高全集團的辦公室和工廠的用電，百分之百來自可再生能源。

樂高一路走來擺脫了經營危機，又強化了樂高積木的遊戲性與教育性這兩項價值，進入二〇一〇年代後，他們開始加強經營的結構，以期達到長期的成長。

「如果要做孩童未來的後盾，維持公司的永續性成長，就要回應所有利害關係人（stakeholder）的期待。」

第三代接班人克伊爾德．科克．克里斯蒂安森這樣說明，他與當時的執行長尤根．維格．納斯托普一起主動出擊，推動提升公司本身價值的策略。

要達成什麼條件，才能讓丹麥的在地企業躋身為真正的國際企業？

公司內部反覆討論之後得到的結論，是必須加快推動企業永續發展的腳步。納斯托普尤其聚焦在「環境」和「存在意義（purpose）」上，希望公司的能提升到符合國際企業的水準。

要怎麼在環境議題、貧窮問題和能源問題上，履行一間企業的責任？直到近幾年，「永續性」和聯合國的「永續發展目標（SDGs）」這些關鍵字才在日本商界漸漸開始受到重視，不過其實樂高至少在十年前就已經傾注心力在這些活動上了。

加快投資永續發展的腳步

樂高在二〇〇三年以玩具製造商的身分簽署了《聯合國全球盟約》（United Nations Global Compact），宣示將遵循人權、勞工、環境、反貪腐相關的十項原則，推動永續發展。

在第一次出資風力發電廠後，樂高在二〇一三年又與世界自然基金會（WWF）締結以「拯救氣候（Climate Savers）」為名的合作關係。如此與推動環境保護的國際組織合作，從事減輕地球環境負荷的各種活動，是樂高企業整體基本策略的一環。

成立於二〇一四年的「RE100」是推動企業使用可再生能源的國際倡議行動，而樂高也很早就加入了。參與這項活動的，包括瑞典的宜家家居（IKEA）、瑞士的雀巢（Nestle）、美國的Nike和Google等等，總共超過三百間國際企業。樂高在二〇一七年建構了一個體制，讓事業活動的用電可以百分之百來自可再生能源。

二〇二〇年九月，樂高宣布這三年之間最多會增資四億美元（約一一七億八四〇〇萬元，以一美元等於新台幣二九．四六元換算），藉此加快企業環境友善措施的腳步。

具體來說，樂高積木產品的包裝袋材料原本是拋棄式的塑膠，二〇二一年起他們將逐步淘汰塑膠，換成紙袋。目標在二〇二五年前，淘汰外包裝以及所有產品包裝、製造和運輸過程使用的拋棄式塑膠，換成可再生材料。

此外，樂高計劃在二〇三二年前，將企業營運排放的二氧化碳減少到二〇二〇年的三七%，並且以減碳量目標作為考核世界各地生產據點與辦公室的重要指標，每年還會發行減碳的成果報告書。

樂高接連祭出的環保政策，讓雀巢與荷蘭的聯合利華（Unilever）等等有「環境模範生」之稱的歐洲國際企業都自嘆弗如。而且這些企業在看到樂高二〇一五年發表一項野心勃勃的計畫時，更是大吃一驚。

告別塑膠積木宣言

「積木將全面停用石化塑料作為原料。」

樂高在二〇一五年六月宣布，他們計劃以可再生材料取代核心產品塑膠積木的材料。樂高積木在一九五八年申請專利，經過反覆改良後成就了現在的塑膠積木，其材料有八成來自石油提煉的ABS樹脂。因此他們預計投入一〇億丹麥克朗（約五〇億三〇〇〇萬元，以一丹麥克朗等於新台幣五．〇三元換算）進行替代材料的研究開發，目標是在二〇三〇年以前全面告別塑膠。

這項宣言需要多大的野心與覺悟，其實從積木之於樂高的意義來思考就非常清楚了。

積木是樂高唯一的靈魂商品。

積木既堅固又耐用，它的光澤、顏色和彼此完全咬合的手感，這些特質在長時間的潛移默化下，讓樂高迷對於商品產生莫大的信賴，也算是形成樂高品牌的重要基礎。

樂高塑膠積木的年產量在二〇一七年已經超過七五〇億塊，積木不但有高品質保證，也是一直深受喜愛的核心商品，現在竟然想要更換它的材料。

打個比方，這就像是專賣牛丼的連鎖店，更改了招牌商品牛丼的食材與配方，熟悉的味道只要略有改變，老顧客就會變心。

同樣地，倘若積木的品質有變，很有可能會失去孩童的支持。

在分辨品質這件事上，孩子可是敏銳到驚人的地步。即便樂高最重視的是環保策略，但要只要用錯方法，很可能就會重挫樂高的事業，這其中隱含著遠大於成立新事業的風險。

前所未聞的計畫

不過樂高還是決定要換材料。

「我們已經不是丹麥的本土玩具公司了，我們是國際級的製造商，需要考量自己製造的產品有什麼影響力。」

二〇一五年宣布靠別塑膠時，時任執行長的納斯托普如此說明。而現任的執行長尼爾斯．克里斯蒂安森（Niels B. Christiansen）也傳承了這個理念。

「我們需要繼續成長，才能將樂高的價值傳遞給全世界的孩子們，不過依照目前的製程，我們生產多少積木，就會對環境造成多少影響。」

只要不解決這個兩難的議題，即便樂高能夠成長，也無法繼續扮演孩子未來的後盾。

尼爾斯．克里斯蒂安森說：

「我們需要做點什麼改變這個情勢。」

尋找替代材料當然不是一項簡單的任務。

積木是樂高競爭力的來源，也是樂高唯一的產品，要怎麼找到相當於、甚至勝於ABS樹脂的積木原料……。二〇一五年，樂高內部啟動了前所未見的大型計畫。

樂高在內部設立了永續材料開發的專門組織，聘僱約一百名的專任研究員，並為了這項計畫建造專門研究所「樂高永續材料中心（LEGO Sustainable Materials Centre）」，於二〇一九年竣工。

研究開發除了仰賴內部的研究員，他們也積極與外部專家合作，同時還與非營利組織（NPO）、政府保持交流，蒐集四面八方的情報，不斷檢驗各種材料。

「我們做了無數次的實驗，這無疑是項巨大的挑戰，不過想到這是為了所有孩子的未來，就知道一切都是值得的。」

統籌這項專案的環境責任部門副總經理——提姆．布魯克斯（Tim Brooks）這麼說。

可再生材料創造出的植物樂高

他們真的能找到替代材料嗎？

樂高的植物零件，材料從塑膠改為植物提煉物。

一開始出現了不少質疑的聲音，不過布魯克斯的團隊很快在計劃公布三年後的二〇一八年，就發表了初步的研究成果。

那就是，使用植物為原料製成的樂高。樂高積木的部分零件，包括樹木、森林等二十五種植物原本的原料是塑膠，現在宣布以後將改用甘蔗提煉的聚乙烯。

「我們逐一測試超過二百種材料，找出哪一種最適合。而甘蔗提煉物的外觀、光澤和組裝的觸感都與傳統的ABS樹脂無異。」

布魯克斯這樣說明。其實如果不特別留意，幾乎分不出甘蔗樂高與傳統的塑膠樂高有什麼差異，目前甘蔗也會用在一般販售的產品上。

只不過這些甘蔗樂高只占樂高積木總產量的二%左右而已，接下來才要開始挖掘真正的新材料。

二〇二一年六月，他們發表了樂高積木的試作品，使用的材料是回收再利用的寶特瓶。廢棄飲料寶特瓶的PET（聚對苯二甲酸乙二酯），竟然可以製作出積木。

從一瓶一公升的寶特瓶中，平均可以取得十塊2×4積木磚的材料。寶特瓶也是可能的替代材料之一，不過在決定要不要開始實驗性地生產試作品之前，似乎還需要花一年檢驗。

每一次用了不同材料試做積木，組裝上就要經過數千次的檢驗，在樂高內部眾多的專案中，替代材料的研究想必是難度最高的專案之一，然而布魯克斯沒有一點悲壯感。

「任務並不簡單，但是摸索試錯對我們來說也是從遊戲中學習的過程，研究的過程本身就體現了樂高想提供給社會的價值。」布魯克斯說。

他們的理想是希望沒有任何人會發現積木的材料改變了，為了減輕環境的負擔，為了能永續性地為孩童提供積木，如今仍持續研究中。

用共同的指標，點明公司的方向

在針對環境議題採取對策的同時，樂高也致力於提升企業價值，做法是將存在意義明確化。

經過二〇〇〇年代前期的經營危機之後，樂高重新找回了成長的活力，當時的執行長納斯托普發現，不斷對員工傳遞樂高的理念與存在意義相當重要。

一般來說，組織成長後規模變得愈大，組織的理念就愈難深入第一線。可以想見的是，危機過後再經過一段時間，不清楚當時情況的員工漸漸變多，樂高經過重新定義並深植人心的理念又會漸漸流於形式。

而且沒有留住傑出的人才，就不會有永續的成長，樂高認為在不斷進化為國際企業的過程中，必須更明確地展示公司的目標與存在意義，才能吸引不可多得的人才加入。

「我們要有一個共同的指標，點明公司的方向，才能帶領各種國籍和價值觀不同的員工。」

在經過經營危機後，樂高重新定義了他們的願景「將玩中學的經驗推廣到全世界（A global force for Learning through Play）」與使命「啟發並培養未來的創造者（Inspire and develop the builders of tomorrow）」，而納斯托普在二〇〇八年又加上了新的行為原則「承諾（promise）」。

「承諾」具體來說是在「玩樂（play）」、「人（people）」、「環境（planet）」、「合作夥伴（partner）」等四個領域，指出樂高員工應有的基本態度。

舉例來說，「玩樂」是散播組裝積木的喜悅；「人」是與全體員工以好成績為目標；「環境」叩問的是他們是否對地球帶來正面影響；「合作夥伴」需要的是讓客戶理解樂高的價值。

而「承諾」的重點在於，不讓這些原則成為虛有其表的口號。

員工是否遵守承諾這點，會反映在人事考績上，因此不管他對業績有少貢獻，如果不能滿足這些要素，包括「散播組裝積木的喜悅」、「與全體員工做出成果」、「對地球帶來正面影響」、「向合作夥伴推廣樂高的價值」，他的考績就無法得到滿分。

不只是員工，經營高層的酬勞也會以遵守承諾的程度來計算，他們的酬勞分成四項，每一項占二五％，這代表不能只專攻其中一個項目，各項指標的達成度必須要拿捏得當。

納斯托普歸納出樂高的使命、願景與承諾，後來又經過改良，如今被命名為「樂高品牌架構（LEGO Brand Framework）」，新增了「價值」與「創意」等等要素，其定義如下：

- **信念**：孩童是我們的楷模（Belief: Children are our role models）
- **使命**：啟發並培養未來的創造者（Mission: Inspire and develop the builders of tomorrow）
- **願景**：將玩中學的經驗推廣到全世界（Vision: A global force for Learning-through-Play）
- **創意**：玩樂系統（Idea: System-in-play）
- **價值**：想像力、樂趣、創造力、用心、學習、品質（Values: Imagination、

Fun、Creativity、Caring、Learning、Quality）

・**承諾**：玩樂、人、合作夥伴、環境（Promises: Play Promise、People Promise、Partner Promise、Planet Promise）

・**精神**：只有最好才是夠好（Spirit: Only the best is good enough）

透過這個架構，樂高建構出提升企業價值的共通指標。

二〇一二到二〇一七年擔任樂高財務長的約翰・古德溫（John Goodwin）說：

「當我們公司的存在意義更明確，就會知道我們重視的是什麼價值，這些概念在化為言語之後才會深植員工的心中，也才能說明我們想要什麼樣的人才。」

將全體員工都有共識的樂高價值明確地化為語言之後，任何人都能對於樂高在追求的人才有所共識。

讓員工擁有所有權

在點明了公司前進的方向之後，樂高透過各種制度加以實踐，他們特別致力於提升員工的內在動機。

「想要吸引傑出的人才，就要有吸引人的職場環境。」執行長尼爾斯．克里斯蒂安森說道。

其中一個例子是二〇二一年在丹麥比倫落成的新總部。原本分散各地的辦公室，全都集中到占地五萬四〇〇〇平方公尺的園區，而且還建造了可以讓人留宿的福利設施，有大約二千人在這裡工作。辦公環境具有玩具製造商特有的歡樂氣氛，許多地方都經過精心規劃，用以提升員工的工作意願。

在設計新的辦公室時，樂高最為重視的是「所有權（ownership）」這個關鍵字。所有權指的是每一名員工都自動自發對分內的工作負責、進行判斷的工作態度。樂高希望設計一種制度，提供一個自動自發的員工可以齊聚一堂、互相幫助、彼此配合的場域，並認為這是創造樂高價值的基礎。

「擁有所有權的工作方式，會提升員工的動力與成就感。」

尼爾斯．克里斯蒂安森如此說明道。

樂高實現這些理想的具體策略，就是在新辦公室採行「活動式工作（ABW）」的工作模式，其特色在於員工可以根據自己的業務與活動需求，自主選擇辦公區域。

舉例來說，除了一般事務的辦公空間之外，樂高還規劃有隔音設備的包廂，提供給想要獨自專心工作的員工。除此之外，還有可以輕鬆討論的沙發空間、可以發表簡報的大會議室等等，提供最契合當下所需、符合不同工作形式與目的的工作環境。

在蓋這間新總部之前，樂高總部的每一位員工都會被分配到一個固定的座位，員工除了在開會之類的情況離開座位，基本上不會在內部走動，只在定點工作。

負責構思樂高新辦公室工作方式的其中一員——安妮克．比爾肯斯（Anneke Beerkens）說：

「如果把工作區域的所有權交給員工，工作方式也會變得更具自發性。」

這樣的巧思是希望員工根據工作內容和心情選擇工作區域，透過改變環境提升動機，發揮自己的能力。

失去歸屬感的問題

不過活動式工作也有其盲點，這種工作模式會讓員工缺乏歸屬感。

在評估活動式工作推行效益的調查中，員工一方面覺得自由、有擁有權的工作型態很吸引人，另一方面卻也有很多人表示，這樣令他們失去在部門中得到歸屬感的機會。

當「這裡是我的位子」的歸屬感被削弱，很容易使人不安。

倘若上司與下屬在職場上不會一直打到照面，彼此之間很容易產生「我真的理解下屬嗎？」「上司清楚我的工作成果嗎？」的疑慮。要是這樣的情況沒有改善，難免會影響到業務上的表現。

在樂高新辦公室工作的員工大約有二千人，推行活動式工作的時候假如沒有下一點工夫，可能使得員工失去歸屬感，進而引發很大的問題。

丹麥總部的員工來自不同世代，成長環境和背景也不盡相同，除了年輕人，還有不少是長年在樂高工作的資深員工，要是突然取消固定座位，全面改採活動式工作，很有可能造成內部的混亂。

建立社群，凝聚人心

這種時候該如何提升員工的歸屬感？樂高目前正在嘗試兩種方案。

一種是「鄰居（Neighborhood）」制度。意思是辦公空間還是會大致分配每個團隊工作的區域，例如業務部門在某一層樓的某一區，行銷部門在另外一區，透過這個形式為每個員工指引工作區域。

員工基本上可以自由選擇辦公區域工作，不過透過這種大致分配各團隊工作區域的方式，讓他們在擁有自由的同時不致產生不安。

另一種方案是建立社群。重視員工歸屬感的樂高，提供了第三個場域，讓具有共同興趣和嗜好的員工聚在一起。

其精神象徵就是名為「人民之家（People House）」的新館。人民之家是提供樂高員工交流的地方，除了活動空間和健身房之外，也有完善的員工住宿設施。

館內有專職的社群經理人常駐，平時會負責舉辦讓員工交流的活動，員工可以自主參與或者自行主辦活動。

「人類要先對人際關係有安全感，才能發揮自己的創造力，因此社群是重要的存在，它會成為每個人的歸屬。」

辦公空間專案成員之一的蒂莫西．阿倫斯巴赫（Timothy Ahrensbach）說。社群的效益很難以量化的資料評估，不過這對員工的動力帶來很大的影響。在確保員工自律工作的同時，又要讓他們有歸屬感、安全感，這個制度要怎麼設計，他們也還在持續摸索中。

其實世事本就是不斷變化，在新冠肺炎的疫情擴大之後，員工的工作方式也大幅改變了。許多國際企業都在摸索疫情後要採取什麼樣的工作型態，而樂高如今採取的制度是讓員工自由選擇要在家工作或出勤。

「原則上是在家工作，需要激發創意的溝通時再來上班，希望員工能有更多選擇的彈性，以應付各種專案內容與情況。」

樂高財務長賈斯伯．安德森（Jesper Andersen）說。

不過他們還沒有找到答案，在家工作的期間愈長，追求歸屬感的員工應該也會愈多吧。

不厭其煩地重述存在意義

樂高認為擁有所有權的工作模式要穩定下來，關鍵在於讓公司的存在意義深植於每一名員工心中。

樂高是為了什麼而存在？

達成目標會帶來什麼樣的變化？

尼爾斯・克里斯蒂安森認為，領導者的任務就是要率先對員工傳遞這些理念。

「領導人不要逐一指示員工要做什麼，而是要指引他們大方向，此時要仰賴的就是企業的存在意義。」

即便不以疫情為例，我們也知道我們身處的環境總是充滿不確定性，在發生無法預測的意外時，如果希望員工可以靈活而自動自發地應對，這個組織就不能用規則綑綁他們，而是要透過存在意義凝聚他們。

「樂高的存在意義就是幫助兒童、協助兒童成長，我們的一切活動都必須為了兒童而存在。」

樂高的存在意義很明確，在不斷重述的過程中將理念深入員工心中。

「許多員工長年任職於樂高，因此大多數都能深刻體會樂高是什麼樣的企業，將這些財產傳承給下一個世代是我們的重要任務。」

尼爾斯・克里斯蒂安森說。

要是在傳承上稍有懈怠，企業文化想必會隨之消逝，員工也會如一盤散沙，過去的經營危機給了樂高很大的教訓。

他們透過語言、職場和制度持續訴說公司的存在意義，不過成果不是一朝一夕可得，這是一場長期的奮戰。

「員工早上起床後，會打從心底覺得今天一天也要努力工作嗎？如果員工理解公司的存在意義並且擁有所有權，大多數的員工都能清楚回答『會』，這會是最理想的狀態。」

尼爾斯．克里斯蒂安森如此敘述。

樂高需要不斷埋頭努力，讓員工明白自己要透過公司做些什麼，讓這樣的存在意義更明確且深入員工心中。

這就是站上世界競爭舞台的「意義導向公司（purpose driven company）」所需要的門檻。

第 9 章

危機再臨

永無止盡的嘗試摸索

照片：2017 年於樂高創始之地開幕的體驗中心「樂高之家」。

二〇一七年九月二十八日，這一天，在樂高創始之地——丹麥比倫，瀰漫著一股不尋常的氣氛。

市中心的舊市政府廣場一大早就陸陸續續有人潮湧入，整個上午的人數上看幾百人，有親子、有年輕情侶、有銀髮夫妻……廣場人山人海，附近也宛如慶典般人聲鼎沸。

這些來自四面八方的人只有一個目的，就是參與全新場館的開幕典禮。

名為「樂高之家（LEGO House）」的場館是樂高打造出的最新地標，基於「積木的故鄉（Home of Bricks）」的理念，提供了各式各樣的空間讓人們體驗樂高長年推行的遊戲哲學。

純白的水泥牆上有巨大的玻璃窗，從高空俯瞰，建築物的外型就像是用好幾塊樂高積木堆起來的。

每一塊「積木」分別被塗成紅、藍、黃色，突顯出樂高的主視覺色與玩心。樂高之家的設計團隊經手過美國字母控股公司（Google母公司）的新總部大樓，也就是由丹麥著名的建築師比亞克·英格爾斯（Bjarke Ingels）所率領的BIG（Bjarke Ingels Group）。

場館周遭一直處於熙熙攘攘的狀態，下午一點過後，開幕典禮在樂高之家的特別會場開始了。

孩子們的新樂園

「打造一個兒童的新基地是我的宿願，終於在今天實現了。」

典禮開始，第三代接班人克伊爾德·科克·克里斯蒂安森開始致詞。

「樂高之家的完成，在樂高歷史上寫下了新的一頁。」

感慨良多的克伊爾德·科克很有禮貌地表達了謝意。樂高之家是他醞釀了很久的構想。

「樂高之家能讓人透過實際的體驗，理解到『玩中學』的樂高哲學。」

持續開發積木已超過六十年的樂高，在這段歷史中發現，孩子可以從玩樂高的行為獲得很多的能力。

「創造力、認知力、社會性……這些都是培養創意思考不可或缺的能力。」

克伊爾德．科克說道。

樂高之家將這些能力概括為四項技能，並透過一些巧思，讓大家可以透過玩樂高具體感覺、激發這些技能。

舉例來說，館內的「藍區」是提升認知力的區域，這裡備有巨大的跳台與樂高積木。

孩子在這裡被賦予的任務是拼組出一台積木車，這台車要能從巨大跳台飛出最遠的距離。要怎麼設計才能讓積木車飛得更遠？輪胎要四個還是二個？車子堅固到落地也不會摔壞嗎？透過設計車子，讓孩子理解空間概念與物理法則。

培養創造力的「紅區」空間，則是用大量的積木填出了一片樂高之海，孩子可以在這裡盡情投入創作。此外，紅區也會定期舉辦製作動物或機器人等各種主題的工作坊，提供孩童自由創作與展示的空間。

「孩子在玩積木的體驗中會不知不覺獲得各種能力，每一種技能都是在未來社會中不可或缺的。」

克伊爾德．科克信心滿滿地說。

參與開幕的相關人士很多，光是來賓大概就超過一百位，除了丹麥大企業的高層、教育界人士和政治家，還能見到丹麥王儲佛雷德里克（Frederik）夫妻的身影，據說他們膝下四子都是樂高的忠實粉絲。

在高層幹部和來賓致詞結束之後，終於要開始向市民展示樂高之家了。引頸期盼的當地人與左鄰右舍的民眾如洩洪一般，湧入了全新的場館裡。

「新地標的完成，可望帶動比倫的發展。」比倫市的相關人員也很樂見新場館的落成。

開幕紀念典禮在傍晚順利落幕，克伊爾德．科克露出了心滿意足的表情。其實出席典禮的樂高幹部心中一點也不平靜，因為在光鮮亮麗的舞台底下，樂高內部經歷了劇烈的動盪。

營收與獲利睽違十三年衰退的衝擊

動盪的開端發生在樂高之家開幕典禮大約三星期前，樂高在九月五日發表了二〇一七年的上半年財報。

「我不得不報告一個遺憾的結果。」

上午十點多左右開始的電話記者會中，二〇一七年一月起擔任樂高品牌集團執行董事長的尤根．維格．納斯托普以此開場。

樂高不是上市公司，本來就沒有義務對媒體報告自家財報，不過樂高如今已經是最大的玩具製造商，業績也超過美國的美泰兒和孩之寶，對於業界的影響力舉足輕重，因此他們會自發性地每半年發表一次財報。

在過去的財報記者會中，納斯托普的開場都有固定的台詞。

「今年的結果也相當亮眼。」他每次都是這樣報告好消息。

在挺過往日的經營危機之後，樂高業績從二〇〇四年度財報開始，連續十三年都保持營收與獲利成長的紀錄。

特別是二〇〇九年到二〇一三年，樂高的營收年均成長率超過二〇％，在玩具業界交出相當亮眼的成績單。考量到他們只推出積木這項單一產品，因此連續五年都維持二〇％的成長是非常驚人的，他們的急速成長吸引了玩具廠商業內業外的強烈矚目。

然而這次的報告卻從開場就不太對勁，納斯托普以緊繃的聲音謹慎地朗讀出上半年財報的數字。

「二〇一七年上半年的營收是一四九億丹麥克朗（約六八六億八九〇〇萬元，以一丹麥克朗等於新台幣四．六一元換算），與去年相較，萎縮了五%；營業利益減少六%，來到四四億丹麥克朗（約二〇二億八四〇〇萬元），很遺憾這次是以營收、獲利雙減收場。」

雖然只是上半年財報，但營收與獲利睽違十三年的衰退已經公諸於世了。這個結果投下了多大的震撼彈，從隨後媒體接連不斷的提問就看得出來。紀錄嘎然而止就不用說了，媒體最震驚的是樂高的營收與獲利並不是減速成長，而是突然大跌。

二〇一六年度財報的營收同比成長五．一%，營業利益同比成長一．七%，成長的速度是趨緩了，但是任誰都沒有料到會轉眼就衰退。

媒體的問題只有一個，就是「為什麼」。

成長的過程中產生的落差

「簡單來講就是組織的問題，人多了、組織大了，落差就變得顯而易見了。決策變得更耗時，我們無法精準地推出孩子喜歡的商品。」

納斯托普字斟句酌地回答。

樂高集團在這十年間急速成長，營收成長約五倍，營業利益約九倍。

為了建構合於這個成長規模的體制，經營高層緊急擴大組織，除了比倫的總部，也在倫敦、新加坡和上海建立地區總部，一鼓作氣國際化了起來。

同時也擴大產能，以因應日漸增加的積木需求，除了比倫、墨西哥、捷克、匈牙利之外，還在中國的嘉興市建造了新的積木生產工廠。他們更強化全球物流網，整備了物流體制，讓產品能更有效率、更精準地送到世界各地的市場。樂高二〇一二年的員工人數大概是一萬名，二〇一七年增加到一萬八千名。

都已經做了這麼多的投資，照理說獲利應該也會很可觀。

沒想到，最後的成果卻不如預期。

「需求量沒有預期得多，導致供過於求。」

納斯托普認為這就是業績低迷的真正原因。

另一方面，組織急速擴大對樂高內部的決策帶來各式各樣的副作用，員工數急速增加、組織更加階層化，結果衍生出許多功能類似的部門與職位，不但溝通一團亂，負責人又缺席，阻礙了決策的順暢度。

市場調查、產品開發、行銷……每個部門的確認流程都變得繁瑣，不管做什麼都曠日廢時。

「程序變繁瑣了，經營幹部與顧客、與孩子的距離就愈來愈遠了。」

一名樂高員工這麼說。

他們不再像二〇〇〇年代脫離危機之後一樣，難以看到哪裡有需求就在適切的時機點推出產品，這對整個組織的產品開發產生了負面的影響。組織的急速擴大，讓經營幹部不容易發現問題。

「我們原本應該傾注心力的工作，是理解孩子想要什麼樣的樂高，結果反而耗費時間在內部溝通上。」

另一名樂高員工表示。

部分員工不滿自己「無法從事有創造力的工作」，開始出走。

按下重置鍵

要是任由事態發展下去，樂高恐怕會失去競爭力，而顯然在失去競爭力之後，他們就要再度面臨經營危機了。

「這次營收、獲利雙減就是經營危機的警訊，我們很重視這個事實。」

納斯托普說明道。

現在的樂高油門踩得太急了一點，脫離了原本要前進的成長軌道，現在他們來到需要暫時停下腳步、修正軌道的階段。

「我們目前需要按下重置鍵。」

接著，納斯托普說明了他們重整旗鼓的策略。

首先是二〇一七年內要裁員樂高集團八%的員工，大約是一千四百人，工作範圍重疊的部門與職責就整合或廢除，同時也要重整組織。

「很遺憾我必須請一些人離開公司，但是我們會負責照顧一路為樂高付出的員工，一位都不會少。希望他們能理解，為了樂高往後的成長，這些是必要的手段。」

同時納斯托普也表明，樂高絕對沒有陷入經營危機。

「希望各位理解，我們速戰速決就是為了不要重蹈二〇〇〇年代的覆轍。」

納斯托普多次強調這一點，結束了記者會。

「歌頌樂高的時代已經告終」

不過很少媒體照納斯托普字面上的意思理解這件事，當天下午，英美兩國的主流媒體都大肆報導樂高的上半年財報，認為樂高再度陷入了危機之中。

「樂高裁員一千四百人，與數位世代的苦戰」（美國《華爾街日報》）

「樂高終結營收成長超過十年的紀錄」（英國《金融時報》）

「營收、獲利雙減，數位風暴中的樂高」（美國CNBC）

「樂高獲利萎縮，裁員一千四百人，合製電影大作是杯水車薪」（美國《紐約時報》）

對於一間非上市公司，各大報這樣大幅報導是很罕見的，多數媒體都認為癥結點不是出在納斯托普說明的組織問題上。根據他們的分析，是智慧型手機與平板的普及再度瓜分了兒童的娛樂時間，正好與二十年前電視遊樂器興起帶來的危機不謀而合。

其中英國的《金融時報》對樂高的經營批評得最為猛烈。

「我們不該再稱頌樂高，樂高的榮光已經是過去式了，過去有很多商學院都把樂高的成功當作範例，也有書籍在讚頌樂高的成功，但是現在可以收起這些溢美之辭了。」

報上除了這段話，還嚴厲指出樂高必須要對成長神話告終有所自覺。

新任執行長上任八個月卸任

這些事情確實是有跡可尋。

其實這次由納斯托普本人出席報告財報就很不尋常了，因為他二〇一六年十二月就卸任執行長，二〇一七年一月起由營運長巴利・帕達升職為新的執行長。

然而帕達在八個月後突然卸任。

帕達的卸任除了說是私人因素，並沒有公開任何明確的理由，因此各方都在揣測來揣測去。執行長的職位空出來之後，在二〇一七年十月下一任上任之前，納斯托普又要再次帶領經營團隊。

那一天的噩夢又要捲土重來了嗎？

或許沉浸在成長喜悅的時代已經結束，樂高又要再次走下坡了，看到高層人事的混亂，樂高相關人士想起了當時的噩夢。

熟悉大企業運作的人物

不過納斯托普等經營高層的判斷非常迅速，他們已經火速在檯面下尋找起適合重新整頓樂高經營的人選。

「如今我們需要可以帶領樂高成為國際企業、擅長組織經營的領導人，我相信一定會找到適合人選。」

納斯托普相信他們不會重蹈覆轍，並表示下一任執行長人選已經有譜了。最後雀屏中選的是尼爾斯．克里斯蒂安森。

他曾經是美國麥肯錫管理顧問公司的顧問，也在丹佛斯（Danfoss）擔任過執行長，那是一間製造壓縮機與變頻器的丹麥製造公司。

尼爾斯．克里斯蒂安森與能言善辯的納斯托普正好相反，他沉默而安靜，一般認為他夠冷靜，可以顧及全局做出精準的決策。

周遭的人對他的評價是「他了解大企業的組織架構，也了解怎麼用人」，這是樂高聘請他的最大理由。

自上次報告上半年財報的營收、獲利雙減之後，過了大概半年。

二〇一八年三月六日這天，二〇一七年度財報的記者會在樂高之家召開，新官上任的執行長尼爾斯．克里斯蒂安森首次出現在媒體面前。

尼爾斯．克里斯蒂安森一臉嚴肅地出場，在簡單介紹自己之後，他回顧了二〇一七年的業績。

「去年對樂高來說是充滿挑戰的一年，不只營收同比衰退八%，稅前淨利也是減少的。」

一如納斯托普在報告上半年財報時所預言的，樂高四個季度的營收與獲利依然是十三年來首度衰退。

記者會上毫無新官上任的喜氣，尼爾斯·克里斯蒂安森也顯得相當緊張，在低迷的氣氛中，身高超過一八〇公分的他彎下腰，淡然地說明樂高的業績。他說樂高已經從不斷以驚人速度成長的時代來到了分水嶺，但是樂高絕對不會滿足於這樣的成績。

在大致說明完業績之後，他搶在記者會的大批媒體發問前，先行開始說明樂高未來由衰轉盛的計畫。

重整旗鼓，逆轉致勝

「二〇一七年九月，執行董事長尤根（·維格·納斯托普）宣示會按下重置鍵由衰轉盛，當時報告說要裁員一千四百人已經執行完畢。很遺憾要與共享成長喜悅的同伴分道揚鑣，但是我們讓大多數人都踏上了新的職涯之路，樂高不會再有更多的裁員計畫。」

他說在真正陷入四面楚歌之前，大刀闊斧整頓人力可以控制成本，也能製造內部的緊張感，具有上緊發條的效果。

除此之外，尼爾斯・克里斯蒂安森說明他們會從攻守兩面重整旗鼓。

在防守的部分，他要先改善組織內部。

正如納斯托普說過的組織過於複雜化，急速成長的樂高組織已經變得錯綜複雜，而尼爾斯・克里斯蒂安森在上任後馬上進行了改革。

他將階層結構精簡化，全球的九位區域統籌負責人此後直接對執行長報告業績，簡化了存在於區域統籌負責人和經營高層之間的管理階層。除此之外，也把權限下放給第一線的人，在調整體制之後，員工可以直接判斷是否執行一項專案，也希望可以縮小消費者與經營者之間的距離，加快決策的速度。

第二項任務是消化過剩的庫存。

營收、獲利連續成長十三年的成績，雖然為樂高帶來急速的成長，卻也造就零售店大量的過剩庫存。

樂高二〇一〇年的存貨資產是一三億丹麥克朗（約七三億九七〇〇萬元，以一丹麥克朗等於新台幣五．六九元換算），二〇一六年翻倍，變成三〇億丹麥克朗（約一四四億元，以一丹麥克朗等於新台幣四．八元換算），滯銷的存貨在這十三年間一點一滴囤積了起來。

樂高每年有超過五成的營收是來自新產品，這代表賣剩的存貨會囤積在店裡，然而賤賣庫存也不利於新產品的銷售。

尼爾斯．克里斯蒂安森上任後，認為必須解決這些過剩的存貨。

樂高一方面限縮出貨給零售店的數量，一方面要求零售店出售存貨。於是，這些存貨都在二〇一七年度統一處理掉了。

結果樂高的存貨資產變成二三億丹麥克朗（約一〇六億三〇〇〇萬日元），較二〇一六年度少了約三成。尼爾斯．克里斯蒂安森說，二〇一七年度營收、獲利雙減，起因於樂高減少了提供給零售店的數量。

「零售店提供給孩童的樂高總數並沒有減少，在年度最大的聖誕商戰表現依然很亮眼，這代表二〇一七年度營收、獲利雙減的真正理由，不在於樂高失去了孩子們的支持，而是重整旗鼓消耗的成本，這才是主因。」

成長的引擎布局中國市場

在想方設法整頓組織與消化庫存的同時，尼爾斯．克里斯蒂安森也沒忘記他說過要展開攻勢、由衰轉盛。

尼爾斯．克里斯蒂安森認為樂高在由衰轉盛的路上主要有三個重點。

第一，針對可望成長的市場擴大投資。

具體來說，就是深耕支撐樂高成長的支柱——中國市場。過去為主戰場的歐美市場已經開始欲振乏力，而中國市場這四年內卻持續二位數的成長。二〇一七年歐美的主力市場都比前一年慘澹，只有中國始終是正成長。

「在樂高的成長路上，中國一定會愈來愈重要。」

照片中的嘉興工廠撐起了急速成長的中國市場。

尼爾斯．克里斯蒂安森說道，並把希望寄託到已於二〇一六年十一月完工、位於中國嘉興的最新生產據點。

這是樂高繼丹麥、墨西哥、捷克、匈牙利之後，啟動的第五個積木生產工廠。

巨大的嘉興工廠相當於二十個足球場大，占地一六萬五〇〇〇平方公尺，從積木的成型到裝箱都一手包辦。這也是樂高史上規模最大的工廠，投入了超過一億歐元的經費。裝箱的產品除了在中國銷售，也會出貨到印尼、馬來西亞、新加坡等東南亞地區，東南亞的產品有八成出自這間工廠。

「樂高積木在中國的盛況空前，對

樂高的需求往後應該會更熱絡。」尼爾斯．克里斯蒂安森相當有自信地說。

增加可以體驗樂高的直營店

在建造生產據點的同時，樂高也緊急在中國擴增直營的「樂高授權專賣店」。

既然想推廣組合積木的價值，就必須在物理上增加人們能接觸到積木的場所。

「有很多案例是顧客先在網路上聽說了樂高，才到店裡體驗拼砌積木，然後就成為粉絲了。」

樂高的行銷長（CMO）茱莉亞．高汀（Julia Goldin）說。

在樂高認知度不高的市場中，透過店面展現樂高的世界觀就變得很重要。

而樂高的第一線市場就是中國市場，樂高在二〇二〇年有一三七間店在全球開幕，其中將近七成的九一間店開在中國。

同一時間，他們透過中國當地的合作夥伴，讓樂高增加在網路世界上的品牌辨識度。

二〇一八年一月，樂高宣布要和中國網路服務的龍頭騰訊合作，騰訊除了免費通訊軟體「微信」之外，也有推出網路遊戲，是一間綜合型的網路企業。

透過與騰訊的合作，一方面讓樂高的網路安全得到保障，同時也獲得讓內容在中國流通的銷售管道。這項合作計畫會與騰訊共同開發電視節目，而且可以確保節目的著作權不受侵犯。

除此之外，中國也出現更多把樂高當教材活用的機會了。

在傳統的讀、寫、珠算之外，中國有很多家長希望培養孩童的創意思考，於是樂高除了玩具的定位之外，也將教育服務納入考量，計劃全方位開拓中國市場。

而在中國累積的知識經驗與方法，也可以直接應用到開拓新市場上。繼中國之後，他們瞄準的市場是中東、印度和非洲，二〇一九年，樂高在阿拉伯聯合大公國的杜拜開設了新據點。

「目前樂高的營收有八成來自歐美，這些國家只占全球的二成左右，這個獲利結構已經約二十年沒改變了。因此只要開拓剩下的八成國家，樂高就能夠繼續成長下去。」

尼爾斯．克里斯蒂安森如此說道。

數位時代可以提供的新遊戲體驗

在尼爾斯．克里斯蒂安森的規畫中，另一個由衰轉盛的重點在於跨足數位。

「雖然都是數位，但是現在的數位已經和三十年前的大相逕庭了。」以前講到樂高跨足數位都是以電玩遊戲為中心，不過現在的數位領域是以智慧型手機為中心，從影片、音樂、社群媒體、程式設計等等，樂高可以跨足的數位領域已經大幅擴增。那麼，樂高的遊戲體驗該如何跨進這些領域呢？這就是樂高成長的關鍵。

尼爾斯．克里斯蒂安森舉了可程式的樂高積木——「樂高 Mindstorms」系列當例子。

二〇二〇年，樂高推出了「Mindstorms」的最新作，新版多了一些巧思，以用途廣泛的程式語言「Scratch」為基礎，讓樂高的玩法更多元。

「跨足數位的同時當然還是不能脫離組合樂高的體驗，樂高最大的競爭力至今未曾改變，始終在於拼砌積木上。」

尼爾斯．克里斯蒂安森如此強調。

只要站在樂高原有的優勢之上，以長期成長為目標重新修正既有的體制，樂高一定可以起死回生。

「樂高並沒有偷懶，我們已經開始執行由衰轉盛的對策了。」

在尼爾斯．克里斯蒂安森二〇一七年的改革宣言後，又過了四年。

一如在第一章提到的，樂高二〇二〇年度財報的合併營收寫下了史上最高紀錄。而二〇二一年九月二十八日發表的二〇二一年上半年財報，在歷來的半年報中也有亮眼的成績。

不但中國市場的成長腳步加快，跨足數位也催生出暢銷作「樂高超級瑪利歐」系列。而以「LEGO Life」為首的樂高粉絲社群平台，使用者更是持續在增加。

不只如此，樂高還成功獲得了更多成人粉絲的青睞，受到疫情影響，很多上班族改為在家工作，空閒時間變多了。

而且樂高作為一個追求永續發展的企業，其名聲也更加響亮了。

一如尼爾斯・克里斯蒂安森的聲明，他們成功為樂高注入活水，重返成長的正軌上。

能不能持續跳脫創新的藩籬？

但是這些都不保證樂高從此就高枕無憂了，事業環境如今依然瞬息萬變，風險依然潛伏在每個角落。

以樂高競爭力來源的積木為例，在新興市場中國，樂高仿冒品的品質一年比一年好。

二〇一六年中國工廠完工的時候，英國廣播公司（BBC）播出了很耐人尋味的實驗。他們把正牌與冒牌的樂高交給樂高工廠負責人，要他指出哪一個是冒牌樂高，結果廠長也認不出來。

樂高不斷對惡劣的仿冒品提告，二〇一七年十二月才獲得禁止中國國內廠商製造、銷售仿冒品的命令。但是外觀與正牌相比毫不遜色的廉價仿冒品，想必是未來進軍新興市場會持續面臨的風險。要是中國廠商透過仿冒積木席捲印度或非洲市場，難保不會影響到樂高的成長策略。

透過「樂高Ideas」殺出的用戶創新路線也需要不斷改善、持續進化。在社群媒體普及之後，玩家交流作品的媒介時時刻刻在改變，「樂高Ideas」最終的產品化是由樂高負責，不過現在冒出了很多網站，玩家不需要透過樂高就能投稿作品、銷售該作品的積木。

二〇一九年樂高收購的「BrickLink」就是箇中先驅，以後玩家的影響力增加，產品開發的主導權也可能從樂高轉到玩家手上。如果有粉絲背著樂高擅自開發產品，樂高應該無法置之不理。

就像美國麻省理工學院教授艾瑞克．馮希培所說的，樂高或許會在某個時機點被迫正視用戶創新的議題。

此外，數位遊戲的競爭也沒有盡頭，二〇二〇年的「樂高超級瑪利歐」系列雖然提示了數位與樂高結合的新玩法，但是樂高還是要與電玩手遊搶占孩童的娛樂時間，這個關係未來應該不會改變。

如同線上版樂高的「Minecraft（當個創世神）」粉絲遍及全球，現在依然得到大人小孩強力的支持，市面上也陸續出現了一些靈感可能是來自樂高的新型線上遊戲，包括「機器磚塊」等等。假使樂高無法持續展現出凌駕於這些作品的魅力，孩子們大概不會從遊戲的世界回來吧。

不過另一方面，許多家長讓孩子玩樂高就是希望他們離開網路世界。

「要是樂高完全走進網路世界，反而會有很多家長覺得樂高的魅力降低了。」麻省理工學院史隆管理學院的大衛．羅伯森（David C. Robertson）指出了樂高現在面臨的難題。

全世界的電子裝置愈來愈低廉，智慧型手機與樂高的價格漸漸變得不相上下，在人人都接觸得到手機遊戲的時代，要怎麼呈現積木的組合體驗會是一項挑戰，這項挑戰絕對不會憑空化解。

在悠久的歷史中，每當樂高面臨危機，就會自問自身價值並提供給消費者更多的價值，這也成為他們大幅成長的原動力。

一開始是兒童玩具，然後增值為跨世代的商品，接著又成為輔助學習的工具。

樂高最根本的價值是什麼？

樂高的價值就是因應不同時代展現樂高積木不同魅力的適應力，這是他們在危機中獲得的能力。

倘若只看商品本身，樂高積木不過是對手可以輕易仿冒的塑膠積木而已，然而他們不會落入削價或技術競爭之中，因為樂高一路走來不斷賦予積木新的價值。

樂高不會因為建立起堅強的品牌力就一直吃老本，他們不斷嘗試摸索，持續尋找新的價值。只要稍有懈怠，樂高就會被大宗商品化的洪流吞噬。

要如何固守真正的優勢，又持續保持變化的彈性？

在變與不變中拿捏分寸，然後實踐永續性成長，這就是尼爾斯．克里斯蒂安森的經營團隊被賦予的任務吧。

在這個過程中，他們可能會再度面臨需要自問樂高價值的局面，積木組合體驗的價值也不會是恆久不變的。

為什麼要繼續成長？

公司的存在意義是什麼？要以什麼為目標？

反覆自問，不安於現狀，不停止改變。

這才是擺脫大宗商品化難題的唯一途徑。

AI技術普及後，我們每一個人都有被大宗商品化的風險，樂高的心路歷程給了我們很大的啟示。

變化，已經開始了。

你能帶給社會什麼價值？

你做好不斷蛻變的心理準備了嗎？

Interview

持續創造「玩中學」的企業文化

樂高集團執行長
尼爾斯・克里斯蒂安森
Niels B. Christiansen

自2017年10月起就任現職，顧問職涯的起點是從美國麥肯錫管理顧問公司的顧問開始，在加入樂高以前，曾在製造壓縮機與變頻器的丹麥製造公司丹佛斯擔任執行長，為期九年。他也擔任過丹麥助聽器大公司Demant的董事長、瑞士食品包裝公司利樂集團(Tetra Laval Group)的董事。

——為了樂高往後的成長之路，您覺得什麼是重要的？

「真希望有什麼類似魔法的方法，可惜我也沒有什麼絕招，我們只能眼巴巴看著全球大趨勢的轉變，想盡辦法讓公司適應。樂高目前的課題是數位化，我們要關注數位化的浪潮如何影響我們的產品，以及孩童的遊玩方式。」

「其實樂高產品的數位化已經有很長的歷史了，數位化不是我們的敵人，而是一個可能性。數位化會劇烈影響各種年齡層孩童的遊玩方式，我們也會不斷嘗試摸索想辦法應對。最近『樂高超級瑪利歐』系列滿暢銷的，這代表虛擬和現實的積木組合遊戲還有無限的可能性，我認為要用長遠的觀點繼續投資下去。」

「除了產品和玩法之外，樂高公司本身的數位轉型也很重要，這對我們的供應鍊和工作模式都會造成很大的影響。疫情之後線上的銷售量大幅成長，因此我認為這些基本的數位環境都需要持續改善。」

「我們目前在籌備讓每個玩家只要透過一組帳號，就能自由來去樂高的各種平台。『樂高授權專賣店』、『樂高樂園』、『樂高 Ideas』等等各種服務之間都能無縫接軌，建構讓玩家放心遊玩的環境。」

——新冠疫情之後，樂高有改變經營方針嗎？

「正如我們訂下的『使命』，培養未來的創造者這個方針是完全不變的，不過每天經營事業所採取的方式一直在改變，比方說員工的工作型態。我們正在建構一套溝通體制，希望活用通訊軟體與視訊會議系統，讓員工在家工作更順暢。辦公環境也持續數位化，提高員工在家工作和上班時的生產力。」

「決策方式也改變了，二〇二一年於丹麥比倫落成的新總部與傳統總部的定位完全不同。以前是總部決定了整體的策略後傳令到其他的據點，呈現金字塔型的組織結構，而在金字塔頂端的就是總部。不過這個時代的資訊技術已經這麼發達，趨勢也不斷改變，總部未必能隨時掌握到最新的消息。」

「因此總部和據點的關係已經從金字塔型，轉變成可以平等交換消息的扁平化組織了。樂高運用的很多制度和智慧，從國外據點取經而來的案例漸增，包括倫敦、新加坡和上海。若希望暢行無阻地汲取其他據點的做法，兩者之間的上下關係就可能是絆腳石，因此所有據點都需維持同樣的企業文化和工作方式，提升人與資訊的流動性。」

——作為一間國際企業，樂高未來會怎麼擴大市場？

「眼前的重點市場是中國，中國在二〇二〇年為我們帶來很大的成長。如果要加強樂高在中國的品牌辨識度與認知度，我認為最大的關鍵在於與騰訊這樣的有力企業合作。」

「另一方面，讓民眾理解樂高的世界觀也很重要。為此，我們必須提供體驗的空間，讓民眾實際接觸樂高積木，這是我們在中國展店的原因。二〇二〇年樂高在全球有一三四家店新開幕，其中有九一間開在中國。」

「有了實體店面，從沒聽過樂高的人就可以直接到店裡，深入理解我們的價值觀是以何為基礎。而在店裡的體驗與印象會成為未來的回憶，他們要在線上購買商品也無妨，不過我認為接觸樂高的體驗是強化品牌的重要關鍵。」

「這個模式未來也可以應用到開發新市場上，比方說據說中東地區的兒童人口會在二〇二八年達到一億二五〇〇萬人，我們已經在阿拉伯聯合大公國的杜拜成立辦公室，作為中東地區的據點。正式進軍非洲則是我們的下一個目標，經濟成長顯著的印度也在我們的考慮之中，樂高還有很大的成長空間。」

——想要持續成長，維持企業文化就會變得很重要。

「幸運的是，樂高有很強的品牌實力，員工對企業文化也愈來愈認同了，很多人已經在樂高工作多年，能深切理解樂高是什麼企業的員工相當多。基本上我認為尊重每一位員工心中的樂高企業文化是最理想的，至於經營團隊該做些什麼？我想就是明示公司要前進的方向。」

「經營者的任務是要不斷指出樂高的存在意義，並且持續推動改革，往這個目標邁進。而樂高的存在意義就在於為兒童的未來做出貢獻，因此我的任務就是思考如何實踐並鼓舞員工。」

「最近有些公司會設置『文化長（chief culture officer，簡稱CCO）』一職，讓公司的存在意義深植人心，而在我們公司負責這項工作的就是我。不過我總覺得讓領導人推廣文化好像是本末倒置了，我認為文化不是用教的，而是每一名員工有所覺察後學會的東西。」

——再次請問，樂高的優勢是什麼？

「樂高有深受信賴的品牌力與明確的願景，在推動數位化、企業數位轉型之後，我們將看到孩童光明的未來。『樂趣（fun）』是很重要的元素，無論是什麼工作，只有當事人樂在其中時才能發揮其最大實力。如果我們希望樂高一直都是一間能夠為孩童提供樂趣、體驗樂趣的公司，我們自己得先樂於工作，擁有重視樂趣的文化。」

「這不是什麼嶄新的想法，可是要怎麼讓企業文化潛移默化到平時的工作模式之中也是一大挑戰。我們在疫情中學到了一件事，就是提升員工的動力與參與度、打造一個權限能夠轉移的組織有多重要。要怎麼樣才能解放員工的創造力，讓他們有熱忱地投入工作？這個問題的答案不只有一個，不過確實是個值得挑戰的問題。我對於這項挑戰既興奮又期待，樂高的執行長果然是有別於其他企業中的特殊角色。」

解說

具備什麼條件，才能成為不斷創造價值的公司？

佐宗邦威（BIOTOPE 創辦人）

你現在離開公司的話，公司會失去什麼？

這個提問在本書正文中出現過幾次，「存在意義」本來就是有點難的概念，而這個問題是最直接幫助我們思考的一個問句。

在思考這一題的時候，下面幾個疑問會自然浮現。

你在公司中扮演什麼角色？

你有什麼優勢？

你在這間公司工作的動機是什麼？

日文的「人類」漢字寫作「人間」，就是人與人之間，代表我們都無法獨立為人，我們會在自己與他者（最終就是公司）之間善盡一些職責。

人剛出生的時候無法獨力做到些什麼，經過緩慢的成長、在社會中累積經驗後，能做的就會愈來愈多，自然而然學到的能力與職責也會愈來愈廣。

這在成長期是很美妙的事，但是成長期結束，進入中年之後，由於自己做過的事太多樣，反而會迷失自己的存在意義。

在心理學的領域，這是一段稱為「中年危機」的時期，由於在社會上成長的過程中能力也不斷提升，因此這個時期可以歸納一下能者多勞的自己，重新尋找自己的核心職責。

在這個過程中，我們需要放下許多的社會職責，活出自己的模樣，篩選出有益於社會最重要的本質，也就是進行「職責的斷捨離」。

存在意義是對企業的大哉問

現在許多大大小小的企業可能都面對著同樣的大哉問。

消費者或股東開始問企業的存在目的是什麼，也有愈來愈多企業開始檢視自己的理念並且重新詮釋。過去公司探問存在意義的機會從來沒有這麼多。

公司是為了什麼在進行目前的事業？

公司不存在，社會會失去什麼？

以前我們都認為經濟成長是好事，擴大規模是有利無弊，以為在成長的過程中，我們不需要回頭思考成長是否有意義。

然而如今的環境面臨人口減少和氣候異變，擴大事業規模甚至有可能會對我們賴以生存的地球造成負面影響。

在這樣的發展下，我們自然會開始去檢視企業運作對環境造成什麼負擔，而企業獲利又對社會帶來什麼正面效果。

企業也面臨了需要重新思考自身存在意義的局面。

商場上或許也發生了類似中年危機的問題吧？

過去在商場上，成長一直被當作是有利無弊的唯一一途，縱使我們會討論經營策略，卻沒有什麼機會深入討論自家公司的存在意義。我們討論的主題總是競爭對手和市場，我們耗費很多時間開發產品或服務，想辦法將公司的利益最大化。

沒想到大環境在這十年已經滄海桑田了。

策略固然重要，但是利益掛帥的公司，不只會失去消費者的心，也漸漸得不到員工和股東的支持了。

企業的考驗反而在於闡述出更明確的意義，包括他們想透過事業活動實現什麼樣的世界、他們對社會帶來什麼價值，他們要能說明公司的重大決策有什麼理由。

戶外服飾品牌 Patagonia 就是個顯而易見的例子，他們直截了當表明自己的使命是「透過商業拯救地球」。

儘管光靠一間主營戶外活動用品的公司無法拯救地球，但是他們想將自己的職責聚焦在拋出一個訊息——透過自家產品重新叩問商業的意義。他們因此獲得了廣大的支持。

重點在於公司如果希望將自己對社會的影響力最大化，就不要什麼都想一肩扛起，而要把焦點放在自己的優勢與存在意義，打開視野，與整個社會攜手合作。

本書介紹的樂高曾經在擴大規模的路上一路奔馳，積木專利過期後他們失去了成功模式，開始進行多角化經營，做著做著漸漸不知道「中心」何在，丟失了存在意義。

但是樂高重新審視自身能提供的核心優勢，確定樂高在社會中的存在價值後，透過與社會的共同創造，起死回生成為價值創造型的企業。

我經營的共創型決策設計平台 BIOTOPE 在二〇一五年剛創業的時候，就經手了很多支援企業創新的專案。

而這幾年無論公司規模大小，都出現了許多理念設計的專案，有的要描繪企業的願景，有的要將自身公司的職責化為「目標」、「使命」的語言，有的則是分析隱性的組織文化後轉化為「價值」的語言。

一間企業意欲產出什麼價值，在往後的時代會變得更重要。想要回答這個問題，不能只是搶先一步投身產出價值的創新行動，還需要打好「使命」、「願景」、「價值」等經營理念的地基，花時間創造組織整體的價值。

開始有很多企業認為經營者和高層需要促膝長談，討論什麼是讓人心服口服的意義與價值觀。

沒有正確答案的時代，起點在哪裡？

為什麼到了這個時候，公司的存在意義開始變重要了?背後有幾個理由。

第一個是日新月異的技術。這二十年左右的數位技術革命，包括物聯網（IoT，物品的網際網路化）、AI、機器人學（robotics）等等，讓社會結構產生劇變。產業的主角從工業轉為資訊，企業也被迫要切換經營與組織思維適應資訊化社會。在資訊化社會中推動事業，一定要得到顧客或員工等利害關係人的共鳴。

以汽車產業為例，以前的汽車製造商會把開發高品質的汽車當作第一要務，廠商的資源都消耗在這個目的上，他們建構出最適合高效率開發優質汽車的「生產組織」，然後不斷與其他競爭對手一較高下。

然而在資訊化的時代，遊戲規則改變了。汽車製造商需要開發的產品，已經未必只有優質的汽車，外部對手大量跨足汽車業界，在自動駕駛、共享汽車等新技術或新服務登場之後，汽車業界不得不開始以新的概念認識未來的汽車，這個新概念遠大於傳統所謂的「移動性（mobility）」。

我們常會提到「從物質型消費轉為體驗型消費」的趨勢，這個趨勢的本質在於根據新價值觀建立的商業模式，也就是說要創造新的系統，而新系統一定要有它的設計理念。

這代表汽車產業不能被汽車的既定框架綁住，如果要將新的點子發展成事業，他們得先確定自家公司的理念是什麼，也就是確定自己的價值基準。

先思考公司認為做什麼是有價值的，做了之後想實現什麼樣的社會。

如果不先從這個起點開始進行新的嘗試，你的事業很有可能會迷失方向。就這個意義來說，在「提供什麼價值（what）」之前，對企業來說的大哉問會是「為什麼想發展這項事業（why）」。

勞工意識的劇變

公司意義受到重視的另一個原因是，社會上新一代的中堅世代漸漸有了不同的價值觀。

Y世代和Z世代是出生後就日常地接觸到網際網路和智慧型手機的族群，他們漸漸成為社會中的主角，據說等到二〇二五年，他們會占世界勞動人口的七五%。

這個世代的消費者有幾個特徵，其中一個就是比起商品或服務的魅力，他們更重視提供這些產品的企業存在意義。

在選擇商品的時候，相較於價格與功能，他們更重視內在意義，也重視自己是否對該企業的理念感到認同。據說已開發國家的Y、Z世代對於環境問題和其他社會議題很敏感，對於「永續」這類詞也很敏銳。

BIOTOPE有超過一半的成員是二十多歲的人，每次與他們交談，都能體會到多元價值觀的改變。

財務性報酬固然是生存必需品，可是他們更想參與自己覺得有意義的計畫，這個選擇背後沒說的真心話可能是「未來無法預測，絕對的答案也沒人知道，但是我想和擁有相同價值觀的人或企業一起前進，享受沒有正解的時代，享受每分每秒」。

企業的成功與否，已經愈來愈難單單用營收或獲利這些舊有的經營指標評估了。往後更為重要的，反而是企業想要創造什麼樣的世界，也就是要說明自己的願景和世界觀。

倘若要長遠地持續創造價值，重點就在於要透過願景讓人產生共鳴、形成吸引人一起共事的組織文化，並且讓員工、讓合作夥伴和股東等利害關係人都產生同伴意識。

從生產型組織轉型為創造型組織

雖然每間企業的表現方式不一，不過幾乎所有企業都會定義自身的存在意義，也有不少企業會訂定使命與願景，公開在官網上。

但是這些公司定義的意義，真的與內部每一個人的人生有關連嗎？很可惜，這種案例並不多。

尤其愈是歷史悠久的傳統企業，愈容易迷失自己的意義。

經營者交棒、事業成長、多角化經營的結果，使得創辦人原有的公司DNA（基因）被稀釋，存在意義不知不覺間也變得模糊，讓內部產生了不一致的矛盾。本來在創業時期有一張明確的藍圖、清晰的目標，卻在某個時間點丟失了。

假設是工業化時代的「生產型組織」，即便意義不足也不太會面臨嚴重的經營問題。一如前述的汽車業界，他們有明確該做、該製造的產品，經營者只要點明大方向，就可以透過分工體制有效管理生產活動。

然而在這個資訊革命將人們以網絡連結在一起的時代，情況已經今非昔比了。

在資訊化社會中，形形色色的人與公司會在各種數據與溝通交流的相互作用之下，迸發出新產品或服務的創意。企業是集結數據與創意等無形資產的地方，不過最終能不能創造新價值還是要看「人」，因此企業是否始終是個擁有遠大願景和存在意義的地方，就會變得很重要。

這個時候企業必須轉型成「創造型組織」，激發出每一名員工的想法與意義，讓他們與公司邁向同樣的目標。

從這個觀點來看，會發現樂高的事業沿革也相當耐人尋味。因為他們在成長的過程中從生產型組織轉型成了創造型組織，轉捩點是樂高在一九九〇年後半陷入的經營危機。

在這個時期之前，樂高的意義是「給孩子最好的」，他們認為自己的優勢是積木的品質。樂高以高效率大量生產堅固不壞、精巧、可以緊緊咬合的積木，不斷擴大自己在玩具市場的市占率。

然而一九八〇年代樂高積木的專利到期後，他們已經無法單憑積木的品質在競爭中取勝了。

他們招聘外部的經營者進行改革，主打「脫離積木」的口號，推動事業多角化，卻使得自家公司的存在意義變淡薄，改革也以失敗告終，結果使樂高陷入更嚴峻的經營危機。

樂高在此刻重新自問公司的存在意義。

他們重新發現，樂高提供的樂趣不限於積木，還包括了遊戲系統的理念。他們重新定義樂高的價值，認為樂高的價值不只在於積木的品質，更在於組合的體驗。

重新自問存在意義、釐清什麼要做、什麼不要做之後，樂高才能與外部的合作夥伴一起宣揚自己的價值。

這些努力不僅僅是產出新產品的創新手段，更增幅了公司本身的價值，製造出良性的循環。正是一個轉型成創造型組織後起死回生的故事。

不斷挖掘「核心」

一間企業要如何像樂高一樣，進化成能夠創造獨特價值的創造型公司呢？

在經營企業的時候，我們總是容易把焦點放在他人身上，開始與競爭對手相比較，但其實重點應該是「我們的優勢是什麼」、「我們過去、現在、未來不斷創造的價值是什麼」，公司應該要摸索自己累積起來的文化資源，不斷重新定義這些資源才是。

這代表存在意義不能像憲法一樣立完就算了，要把它變成有血肉的故事，隨時更新、發展下去。

我們平常總是會向外看，看著顧客或競爭對手，在這種情況下很少有機會重新檢視自己擁有的能力。不過在創造價值的局勢下，要把焦點放在自己沉睡的能力，才看得見潛藏的可能性。

為此可以先從日常的事務開始，從中留下空檔檢視公司的存在意義。檢視的時候不要急著在一開始就做出結論，可以與第一線的員工和放眼未來的經營高層反覆討論，一起逐步地自問你們的「核心」是什麼。

樂高還有一個耐人尋味的地方，就是將積木本身，當作摸索人與企業的存在意義、創造故事的工具。

其中一例在本書正文中也有提到，就是「樂高認真玩」。我在二〇〇八年獲得了樂高認真玩認證的引導師資格，當時這套方法在日本才剛起步，日本籍的引導師還不到十人。

「樂高認真玩」的詳細介紹可以參考正文，簡單說就是讓參與者透過組合樂高，引導出自己內心的想法，最終甚至還能用於擬定企業的經營戰略。

這套方法的魅力在於讓人們透過動手做的過程，覺察到自己下意識想做與重視的事，「樂高認真玩」就是現代版的沙遊治療。

與各式各樣的參與者一起動手做，就可以了解彼此在想什麼，看出彼此之間的關連，此時樂高積木的世界轉眼就會變成可以應用到現實世界的策略模擬現場。

即便一開始沒有什麼明確的答案，只要動手組合積木，就會知道自己下意識想製作的東西應該有什麼樣的輪廓。

組合好樂高模型之後要親自解釋這個模型，有時候那些不經意說出口的話就會讓我們有新的發現，一再體會到「說出自己的想法後才理解自己在想什麼」這件事。

接下來我所能說的，就是先做就對了。

在「樂高認真玩」的工作坊中，最具有象徵性之一的問題就是「你覺得哪一個零件是你使用的零件中最重要的」、「為什麼會這麼覺得」，解構你精心完成的作品，直覺性地從中選出重要的一個零件，這個行為大概就相當於重新檢視存在意義的思維。

在商場上，有很長一段時間都把事前蒐集足夠的數據、檢驗過創意的發想後加以執行的流程視為理所當然，但是在沒有正確答案的當代，不斷嘗試摸索才能孕育新的價值。

想法不要只放在腦中，要先讓想法成形，這是資訊化時代的重要步驟。

人類在AI時代的價值

本書的序章提出了「人類在未來有什麼價值」的問題，最後我想對此寫下我個人的想法。

ＡＩ技術已經愈來愈普遍地應用於社會，此刻我們人類究竟還有什麼價值？簡單來說，我覺得人類的價值可能是「創造文化的能力」吧，這種能力像是一種催生出方法手段或是創意的力量，目的是讓人類能「群體生活」。

人類是無法獨立為人的動物，就歷史觀點來看也一樣，人與人聚在一起、形成群體後才繁盛到現在，而人類也用了各式各樣的手段來統合這個群體。

包括共享消息、潛規則、社會規範……。

在人與人互相連結、彼此支持的情況下開花結果的，我認為就是文化。這樣一來，也就只有人類能將人群聚集、永世繁榮的境界，昇華成文化。

好巧不巧，無論在世界的哪一個角落，都可以透過積木進行溝通，樂高以積木這個共通語言為基礎，將粉絲連結在一起，成為了產出新文化的平台。

在我們摸索如何與ＡＩ共處的時代，有一個用來描述人類本質的詞「遊戲人（Homo Ludens）」，意思是「人類是遊戲的生物」。

人與人類會聚集在一起、遊戲，然後不斷創造新的文化。而樂高這間公司的未來，或許就是在於將這種新時代的人性具體呈現出來吧。

附錄

勇闖樂高工廠！

超高經營效率的心臟部位

照片：位於丹麥比倫的科恩馬肯工廠，工廠幾乎全年無休地運作。

科恩馬肯（Kornmarken）工廠位於樂高創業之地的丹麥比倫，是歷史最悠久的生產據點，也可以說是造就樂高超高經營效率的心臟部位，接下來就搭配照片，一起一窺這個核心內部的究竟吧。

樂高積木的製造工程大致分成下列三個步驟：

①搬運積木的塑膠原料

②熔解塑膠，以成型機做出積木（molding）

③依產品將積木集貨、裝箱後出貨（packaging）

科恩馬肯工廠主要負責①與②的工序（照片1），樂高在匈牙利、墨西哥、捷克和中國都有設廠，這些工廠負責全球市場的積木生產與包裝。樂高積木的年產量，在二〇一七年達到七五〇億塊。

科恩馬肯工廠占地 62,000 ㎡，經過幾次的擴廠後，產能愈來愈高(照片 1)。

新產品只需改變積木磚的搭配組合

如本書正文所提，樂高高效率經營的祕密在於將核心事業聚焦於積木的開發與製造上。

一般來說，玩具世界類似電影或音樂產業，流行總是來得快去得也快，每一季流行的玩具千變萬化，去年的暢銷作隔年未必也一樣暢銷。即便是擁有眾多粉絲的角色產品，要是不每季調整產品的概念與玩法，還是很難維持一定的銷量。

許多玩具製造商每季都要追著趨勢跑，投資相關的生產線開發新玩具。只有一季壽命的玩具不在少數，因此設備被迫

參觀者進入工廠前必須換上專用的鞋子（照片 2）。

有一條 500 公尺長的通道貫穿整個工廠（照片 3）。

要定期更新，這是一般的玩具製造商經營效率下降的原因之一。

不過樂高的事業結構不太一樣。

雖然樂高每一季都會推出新商品，但基本生產線不需要大規模的調整。以新商品來說，只要改變一下積木磚的搭配組合就可以包裝起來，需要生產新零件再生產就好了。哪怕是新商品，如果使用既有積木的比例很高，經營效率也會很高。

每小時生產四百萬塊積木

接著就來看看工廠內部的真面目。

以 ABS 樹脂製成的塑膠粒原料（照片 4）。

我們先在工廠入口換上專用的鞋子（照片2）。受到新冠疫情的影響，工廠一度被迫暫時停工，不過目前已經恢復為平常的運作體制。除了聖誕節之外，工廠全年三六四天、二四小時維持運作。

工廠每小時可以生產四百萬塊積木磚，員工約八百名，大多是在地居民，他們以兩班制排班進廠（照片3）。

一踏進工廠馬上就會注意到天花板上裝設的無數條管線，管線不時傳出「唰唰」聲，在廠內迴盪。這些聲音來自積木的材料，也就是ABS樹脂製成、形似小米粒的塑膠粒（granulate），每天都有卡車運送塑膠粒到工廠裡（照片4）。

廠內有 24 座巨大的儲倉，內部儲存著塑膠材料（照片 5）。

每天使用的塑膠粒超過一百噸，塑膠粒經由廠內四通八達的管線，存放進二四座巨大的儲倉（照片5）。

如本書第八章所提，樂高目前正在開發可以取代ABS樹脂的環保積木，而且在二〇一八年已經有了初步的成果，他們開發出以植物性的甘蔗提煉物製作的「樹木」或「森林」零件。

為我們導覽工廠的樂高解說員表示，塑膠材料的顏色變化大約有二〇種，經過排列組合可以調出超過五〇種顏色，想使用什麼顏色的材料，都可以配合季度與產品進行靈活調整。

積木成型機一字排開，大約有 800 台運作中（照片 6）。

八百台成型機的生產

接下來是成型的工序，儲倉中的塑膠粒會依接下來要製造的零件送進不同成型機，成型機以電腦自動控制，外型就像是倒放的營業用巨大冰箱（照片6），機器吃進塑膠粒後，以二三〇～三一〇度的高溫將塑膠粒熔解成牙膏狀，再倒入積木的「模具」中。

成型時會依零件的種類調整機器的壓力，每平方公分最大可以施加二噸的壓力，等十秒左右冷卻變硬後，積木磚會自動脫模。樂高透過這樣循序漸進的流程，有效地量產積木。

積木的精度要求達到〇・〇〇五公

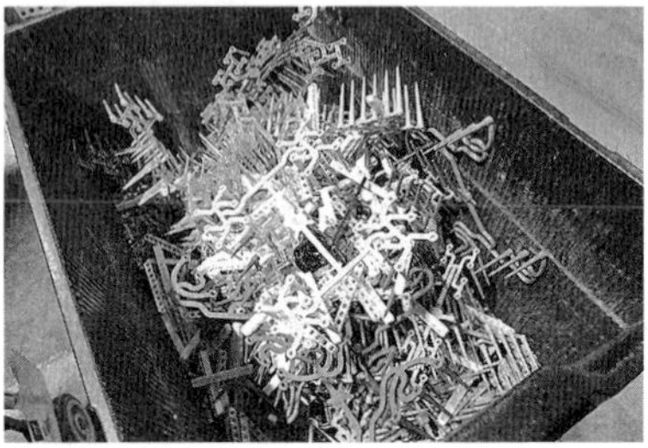

成型工序中沒用到的塑膠可以回收再利用（照片7）。

成型機製造出積木後，由機器人負責集貨（照片8）。

鼇，以確保每一塊積木都能緊密咬合的品質。科恩馬肯工廠大約有八百台成型機在運作中。

基於環保考量，成型工序中用剩的塑膠或掉落地面的積木磚都會盡可能進行回收利用（照片7）。

透過巨大的倉庫管理積木

據說樂高生產的積木零件超過三七〇〇種，在本書第三章也提過，二〇〇〇年代前期由於新增了太多種零件，導致有一段時期危及到樂高的經營。如今經營又步上正軌，零件數有重新增加的趨勢。

巨大的倉庫中存放了 42 萬箱樂高積木（照片 10）。

樂高的每組積木都會分配到個別的識別碼（照片 9）。

製造完的積木磚在變成產品前會暫時存放在倉庫裡，而負責將積木磚從成型機搬運到倉庫的，是照片8的搬運機器人。成型機附屬的箱子中堆積了一定數量的脫膜積木磚後，機器人會自動將箱子集貨，送上通往倉庫的輸送帶上。

每個樂高的零件都會貼上識別碼，使用條碼管理整個製造工序（照片9）。機器人將集貨好的箱子送上通往物流倉庫的輸送帶之後，箱子會被送進存放了四二萬箱樂高積木的獨立倉庫，只要有訂單進來，巨大的起重機就會自動撿出需要的箱子，放上打包用的輸送帶（照片10）。

科恩馬肯工廠也負責部分的收尾工序，包括畫出樂高人偶的臉等等，經過這些收尾工序之後，積木依品項包裝好，商品就可以出貨了。

目前樂高的供應鍊已經很完備，全球五地的生產據點可以選擇最有效的通路，以更精準的方式把產品送出去。積木的開發與製造事業是將樂高拱上全球最大玩具商寶座的推手，而開發與製造的競爭力根基就是這些生產工廠，工廠未來還會繼續進化下去。

後記

丹麥是樂高的誕生之地，是個既有秩序又混沌的神奇國度。

秩序不用我說，指的就是社會福利大國這一面，國民的醫療費、教育費、生產費全免，不只首都哥本哈根，丹麥的主要都市也都有鋪設道路，建築物都管理得很整齊。丹麥的消費稅是二五%，國民的租稅負擔率將近六〇%，是這些稅金撐起了高福利制度。

至於混沌，則是可以從位於哥本哈根中心地區，一個如日本長崎縣的出島般突兀的地區一窺究竟。這個地區名為克里斯欽自由城（Fristaden Christiania），是全球少數擁有強力自治權的嬉皮公社，因此相當出名。

城裡有小小的湖泊和茂密的樹木，到處都是五顏六色外牆的住家或木造的樹屋。自由城人口約九百人，面積約七．七公頃，雖然是個小社區，卻擁有獨立於丹麥之外的自治權。

他們有自己的「法律」——「禁止暴力、禁止車輛通行、禁止硬毒品」，也有自己的國歌和國旗，丹麥政府也單獨默許這個區域內可以使用大麻。

很難想像在丹麥這種已開發國家，竟然有政府權力受限的社區存在，不過克里斯欽自由城也得到了國民的認可，目前仍是一個現存的自治區。

福利大國與嬉皮公社，乍看之下是很兩極的群體，不過這背後還是有共通的丹麥價值觀。

共通點就是，他們尊重每一個國民（居民）都是獨立的個體，每個人都要自動自發參與社群的管理。享受福利與爭取自由的共通點，在於當事人在日常生活中都要有參與意識，為自己的行為負責，也懂得自律。

樂高這樣單純的玩具也體現出丹麥文化的此一個面向，透過玩積木培養的論述能力與創造力就是秩序與混沌。

樂高之所以能獲得萬眾矚目、成為激發人類本能的工具，或許是因為樂高肯定並喚醒了這兩種表面上看起來很矛盾的價值。

「你想創造什麼？」

「你重視什麼？」

「你的消失會讓世界失去什麼?」

好幾世代的丹麥人已經在組裝樂高積木的同時,透過積木表述了自己的思想。能夠解放自己的價值的,唯有自己的行動,坐而思不如起而行,這或許是我們能從樂高經營中獲得的一個教訓。

我的前職是《日經 Business》的記者,二〇〇八年我採訪了大象設計公司的西山浩平先生,當時的採訪成為了本書誕生的養分。我要再次感謝給了我這次寶貴機會的《日經 Business》編輯部。

本書內容參考了當時撰寫的專文,並重新採訪樂高相關人士,試圖理解樂高的經營方式與積木的神奇魅力。

取材過程受到疫情影響,使得需要遠距移動的採訪更加艱難,不過透過網路會議服務,我反而能比以前更自由地跨越國境與距離,採訪到世界各地的樂高員工。隨著資訊技術的進步,我確實感覺到採訪活動中物理距離的限制漸漸被消滅了,這對我來說是一大收穫。

關於在樂高總部的取材,五年來在內部負責企業溝通的羅阿爾·魯德·特朗巴克（Roar Rude Trangbæk）與丹尼斯・勞立辰（Denise Lauritsen）、樂高基金會的揚・克里斯汀森（Jan Christensen）都給了我莫大的幫助。我還要感謝應邀受訪的執行長尼爾斯・克里斯蒂安森先生，以及歷任經營幹部與所有樂高的相關人士。

我也想對我目前任職的 LinkedIn 致謝，他們打從心底支持我將這個長年醞釀的企劃付諸實行，世界各地的同事也對我伸出了援手。

本書是在許多值得信賴的夥伴幫助下完成的，攝影師永川智子小姐與我共同參與無數場訪問，她透過鏡頭，以她獨特的觀點留下了許多令人印象深刻的場景。繼前作《打破砂鍋問到底吧 巨大的新創企業「Visional」挫折、奮鬥與成長的軌跡》之後，我再次與鑽石社的編輯日野 Naomi 小姐合作，她依然很用心，非常尊重作者的意思，是我無可取代的戰友，在她的協助下，這次作品的內容也變得比原始企劃精煉了無數倍。

樂高單純的價值至今依然擄獲許多大人和小孩，從經營觀點認識樂高世界的這本書，其寫作過程就如同在堆樂高積木，各種點子在無數次的堆積後成形，最終才完成了這部作品。

二〇二一年十一月
蛯谷敏

【樂高年表】

歷任執行長	西元	重大事件
創辦人 奧爾・科克・ 克里斯蒂安森	1932年	家具工匠奧爾・科克・克里斯蒂安森開始製造木製玩具
	1934年	公司取名為「LEGO」
	1949年	開發最初的塑膠製積木
	1953年	將積木名稱改為「樂高積木」
	1956年	首次進軍海外市場——德國
第二任 戈弗烈・科克・ 克里斯蒂安森	1958年	戈弗烈・科克・克里斯蒂安森從父親手中接下經營的棒子 樂高積木取得專利
	1968年	第一間樂高樂園在丹麥比倫開幕
	1969年	發售幼兒系列「得寶」
	1978年	第一個「樂高人偶」誕生
第三任 克伊爾德・科克・ 克里斯蒂安森	1979年	克伊爾德・科克・克里斯蒂安森就任執行長
	1985年	與美國麻省理工學院（MIT）締結合作夥伴
	1989年	1980年設立的樂高教育部門改名「LEGO Dacta」
	1996年	開設官方網站「www.LEGO.com」
	1998年	與MIT共同開發的「Mindstorms」系列問世
	1999年	「樂高星際大戰」系列問世
	2002年	第一間樂高專賣店在德國科隆開幕

第四任 尤根・維格・納斯托普	2004年	尤根・維格・納斯托普就任執行長
	2005年	出售樂高樂園給英國默林娛樂
	2008年	將世界馳名的建築做成模型、以成人為目標的「建築」系列問世
	2009年	提供「Lego Design byME」服務，讓玩家用電腦設計個人原創的樂高
	2011年	經營「樂高 CUUSOO」平台，將粉絲的創意產品化 「樂高炫風忍者」系列問世
	2012年	以女生為主角的「樂高好朋友」系列問世 樂高創始家族經營的科克比出資離岸風力發電
	2014年	《樂高玩電影》上映 「樂高 CUUSOO」全面翻新，改名為「樂高 Ideas」
	2015年	發表新計畫，宣布會將樂高積木的主要材料改為永續材料
	2016年	中國的積木生產工廠開工
第五任 巴利・帕達	2017年	巴利・帕達1月就任，8月離職。尼爾斯・克里斯蒂安森10月就任執行長 丹麥比倫的「樂高之家」開幕 全球第8間樂高樂園在日本開幕 提供兒童專用的樂高社群服務「LEGO Life」
第六任 尼爾斯・克里斯蒂安森	2017年	收購英國的默林娛樂，樂高樂園重回樂高旗下 樂高公司的事業用電達成100%來自可再生能源
	2018年	以永續材料製造出樂高零件，推出永續性樂高產品
	2020年	「樂高超級瑪利歐」系列問世 宣布增資4億美元開發永續產品 2020年度財報寫下創業以來最高的營收紀錄
	2021年	使用再生塑膠製造樂高積木，發表試作品 比倫的樂高新總部落成

【參考書目】

《玩具盒裡的創新：樂高以積木、人偶瘋迷10億人的秘密》大衛・羅伯森、比爾・布林著，林麗冠譯，天下雜誌，二〇一一年。

《樂高認真玩：打造成功優質的企業團隊》，佩爾・克里斯蒂安森、羅伯特・拉斯穆森著，連緯晏譯，日月文化，二〇一七年。

《什麼才是經營最難的事：矽谷創投天王告訴你真實的管理智慧》，本・霍羅維茲著，連育德譯，遠見天下文化，二〇一八年。

《思維風暴：兒童如何用電腦建構無限可能》，西摩爾・派普特著，張安昇、駱莊奇譯，台科大圖書，二〇二〇年。

《學習就像終身幼兒園》，米契爾・瑞斯尼克著，江坤山譯，親子天下，二〇二〇年。

《為什麼A+巨人也會倒下：企業為何走向衰敗，又該如何反敗為勝》，詹姆・柯林斯著，齊若蘭譯，遠流，二〇二〇年（二版）。

《從A到A+：企業從優秀到卓越的奧祕》，詹姆・柯林斯著，齊若蘭譯，遠流，二〇二一年（二版）。

《創新的兩難：當代最具影響力的商管奠基之作，影響賈伯斯、比爾・蓋茲到貝佐斯一生的創新聖經》，克雷頓・克里斯汀生著，吳凱琳譯，商周，二〇二二年（三版）。

《イノベーションの発生論理——メーカー主導の開発体制を越えて》，小川進著，千倉書房，二〇〇〇年。

《ユーザーイノベーション：消費者から始まるものづくりの未来》，小川進著，東洋経済新報社，二〇一三年。

《戦略を形にする思考術：レゴシリアスプレイで組織はよみがえる》羅伯特・拉斯穆森、蓮沼孝、石原正雄著，徳間書店，二〇一六年。

Eric von Hippel, *Democratizing Innovation*. Cambridge, MA: MIT Press, 2005。

Eric von Hippel, *Free Innovation*. Cambridge, MA: MIT Press, 2017。

Daniel Lipkowitz, *The LEGO Book, New Edition*. London: DK Children, 2018。

《日経ビジネス》5月24日号‥p58-68「4億人が遊ぶ最強玩具「レゴ」ヒット商品は素人に学ぶ」蛯谷敏（日経BP，二〇一〇年）

《日経ビジネス》2月16日号‥p24-41「どん底から世界一へLEGOグーグルも憧れる革新力」蛯谷敏（日経BP，二〇一五年）

Nishiyama, K., and Ogawa, S. (2009). Quantifying User Innovation in Consumer Goods - Case Study of CUUSOO.com Japan. *Kundenorientierte Unternehmensführung*, pp.531-554, GABLER。

Frey, C. B., & Osborne, M. A. (2013). The Future of Employment: How Susceptible Are Jobs to Computerization? Oxford Martin School。

圖片來源

【書腰】
積木鴨：竹井俊晴

【前彩】
①⑥⑦⑳㉑㉖㉗㉘：樂高集團提供
Photos used with permission. ©2021 The LEGO Group
②③④⑤⑧⑨⑩⑪⑫⑬⑭⑮⑯⑰⑱⑲㉒㉓㉔㉕㉙㉚㉛㉜：永川智子

【正文】
P24、45、46、126、153、253、262、295：樂高集團提供
Photos used with permission. ©2021 The LEGO Group
P15、21、39、61、79、103、142、153、177、183、194、201、277、305、331、333、334、335、336、337、338、339：永川智子
積木鴨：竹井俊晴

touch 73

樂高

小積木立大功，用玩具堆出財富帝國的祕訣

作者｜蛯谷敏
譯者｜連雪雅、陳幼雯、蘇文淑
責任編輯｜陳柔君
封面設計｜兒日設計
內文排版｜簡單瑛設

出版者｜大塊文化出版股份有限公司
105022 台北市南京東路四段 25 號 11 樓
www.locuspublishing.com
服務專線｜ 0800-006-689
電話｜（02）8712-3898
傳真｜（02）8712-3897
郵撥帳號｜ 1895-5675 戶名／大塊文化出版股份有限公司

法律顧問｜董安丹律師、顧慕堯律師

總經銷｜大和書報圖書股份有限公司
地址｜新北市新莊區五工五路 2 號
電話｜（02）8990-2588

初版一刷｜ 2022 年 6 月
定價｜新台幣 450 元
ISBN ｜ 978-626-7118-44-3

Printed in Taiwan

國家圖書館出版品預行編目 (CIP) 資料

樂高：小積木立大功，用玩具堆出財富帝國的
祕訣 / 蛯谷敏著；連雪雅，陳幼雯，蘇文淑譯．--
初版．-- 臺北市：大塊文化出版股份有限公司，
2022.06
368 面；14.8×20 公分．--（touch ; 73）
ISBN 978-626-7118-44-3（平裝）

1. 樂高集團　2. 玩具業　3. 企業經營　4. 丹麥

487.85　　111005913

LOCUS

LOCUS